Wilhelm Moritz Keferstein

Untersuchungen über niedere Seetiere

Wilhelm Moritz Keferstein

Untersuchungen über niedere Seetiere

ISBN/EAN: 9783744682473

Hergestellt in Europa, USA, Kanada, Australien, Japan

Cover: Foto ©berggeist007 / pixelio.de

Weitere Bücher finden Sie auf **www.hansebooks.com**

UNTERSUCHUNGEN

UEBER

NIEDERE SEETHIERE

VON

WILHELM KEFERSTEIN, M. D.

PROFESSOR IN GÖTTINGEN.

~~~~~~~~~

LEIPZIG,

VERLAG VON WILHELM ENGELMANN.

1862.

Abdruck aus der Zeitschrift für wissenschaftliche Zoologie.
Bd. XII. Heft 1. 1862.

Vorrede.

Auf einer wissenschaftlichen Reise, welche ich in den Monaten August, September und October vorigen Jahres mit liberaler Unterstützung des hohen Universitäts-Curatorium in Hannover nach Frankreich, Belgien und Holland ausführte, brachte ich einige Wochen, von Mitte August bis Ende September, in St. Vaast la Hougue an der Nordwestküste des Départements la Manche zu, um Untersuchungen über niedere Seethiere anzustellen. Ich wählte diesen Ort auf den Rath des Herrn *H. Milne Edwards* in Paris, dem ich dafür zu grossem Danke verpflichtet bin, überdies da ich in den ersten Wochen meines dortigen Aufenthalts das Glück hatte, die lehrreiche Gesellschaft meines Freundes Dr. *Ed. Claparède* aus Genf zu geniessen.

In St. Vaast hat man zu gewöhnlichen Zeiten eine mindestens zehn Fuss hohe Fluth, und bei der Ebbe liegt besonders an der Südostseite des Ortes der felsige Granitboden des Meeres eine ziemliche Strecke weit trocken. Die Spalten des etwas gneissartigen Granits, wie der Schlamm unter den Steinen und die Tangblätter geben dann an niederen Thieren, besonders Anneliden, Nemertinen, Phascolosomen u. s. w., die gewünschte Ausbeute. Zur Zeit der Springfluthen erstreckt sich der Ebbestrand viel weiter, und es treten wahre Wiesen von Zostera, besonders ebenfalls an der Südostseite des Ortes und an der östlich davon liegenden kleinen Insel Tatihou zu Tage, welche an Lucernarien, zusammengesetzten Ascidien, Nacktschnecken u. s. w. ein unerschöpfliches Material bieten, das man sich durch Hineinwaten in diese ein bis zwei Fuss vom Wasser bedeckt bleibenden Zostera-Wiesen verschaffen muss.

Die pelagische Fischerei, die ich meistens in Gesellschaft meines Freundes *Claparède* an der Südost- bis Südküste zwischen St. Vaast und der kleinen Festung la Hougue einerseits und der Insel Tatihou anderseits, in dem hier eintretenden Fluthstrome trieb, gab meistens nur eine geringe Ausbeute, wenn man die zahlreichen Jugendzustände von Anneliden abrechnet, denen *Claparède* seine besondere Aufmerksamkeit zuwandte. Ich gab desshalb später diese Fischerei ganz auf und beschränkte mich allein auf die Durchsuchung des Ebbestrandes.

Eine schöne Quelle niederer Thiere, besonders Würmer, die Austern nämlich in den grossen Parks in der sandigen Bucht nordöstlich von St. Vaast und die frischgefangenen Austern, welche man zur Zeit der gewöhnlich Anfang September eröffneten Fischerei fast stets zur Durchsuchung erhalten kann, habe ich aus Mangel an Zeit nur sehr unbedeutend ausbeuten können und muss sie desshalb meinen Nachfolgern besonders empfehlen.

Mit der Ausbeute dieses Aufenthalts am Strande des Canals habe ich in einigen der nachfolgenden Untersuchungen früher am Mittelmeere, oder an in Spiritus aufbewahrten Thieren angestellte Beobachtungen vereinigt, wie es namentlich in der Abhandlung über Phascolosoma der Fall ist.

Die vorliegenden neun, hier unter einem gemeinsamen Titel zusammengefassten Abhandlungen bilden zu gleicher Zeit das erste Heft des zwölften Bandes der von *Siebold* und *Kölliker* herausgegebenen Zeitschrift für wissenschaftliche Zoologie, und einen kurzen Auszug einiger derselben habe ich am 12. Februar d. J. in der hiesigen K. Societät der Wissenschaften (siehe deren Nachrichten u. s. w. 1862. p. 60—71) vorgelesen.

Am Schlusse kann ich die Gelegenheit nicht vorübergehen lassen, dem hohen Universitäts-Curatorium in Hannover, ohne dessen Unterstützung mir die Ausführung der nachfolgenden Untersuchungen nicht möglich gewesen wäre, meinen aufrichtigsten Dank öffentlich auszusprechen.

Göttingen, im Mai 1862.

Der Verfasser.

Inhalt.

I.

Ueber die Gattung Lucernaria O. F. Müller.

Taf. I.

Die Gattung Lucernaria, welche besonders in den nördlichen Meeren ausgebildet und in mehreren Arten vorkommt, hat bisher nur wenig die Aufmerksamkeit der Zootomen erregt, so vielfach sie auch die Systematiker beschäftigte und die verschiedensten Stellen im System einnahm. In der neueren Zeit schien sie bei den Polypen[1]) einen Ruhepunct gefunden zu haben, den sie aber jetzt wieder mit einem Platz bei den Acalephen vertauschen muss. In Betreff der Anatomie dieser bemerkenswerthen Thierform haben wir ausser der trefflichen Beschreibung von *Sars*[2]), den Abbildungen von *Milne-Edwards*[3]) und dem Vergleich ihres Baues mit dem der Anthozoen von *Frey* und *Leuckart*[4]) nichts von Bedeutung anzuführen und da die Lucernaria, als eine entschiedene Uebergangsform zwischen den Anthozoen und Acalephen mein Interesse schon seit Langem erregt hatte, ergriff ich mit Freuden die Gelegenheit ihren anatomischen Bau kennen zu lernen, als ich in St. Vaast la Hougue, nicht weit von Cherbourg, zwei Arten dieser Gattung, nämlich L. octoradiata Lam. und L. campanulata Lamx. häufig auf den Zosterawiesen, welche bei tiefer Ebbe auf dem felsigen Strande zu Tage kommen, sammelte.

1) *Milne-Edwards* Histoire naturelle des Coralliaires ou Polypes proprement dits. (Suite à Buffon). Tome III. Paris 1860. 8. p. 455—460.

2) Beobachtungen über die Lucernarien in *M. Sars* Fauna littoralis Norvegiae. Erstes Heft. Christiania 1846. Fol. pag. 20—27. Taf. 3.

3) Im Atlas der grossen Ausgabe von *Cuvier* Règne animal. Zoophytes. Pl. 63. Fig. 1. Paris 1849. 8.

4) Ueber den Bau der Actinien und Lucernarien im Vergleich mit dem der übrigen Anthozoen in *Frey* und *Leuckart* Beiträge zur Kenntniss wirbelloser Thiere. Braunschweig 1847. 4. pag. 1—18. Tab. I. Fig. 1—3.

1

Ich betrachte nun zuerst den Bau von Lucernaria und hernach die
systematische Stellung derselben.

A. Der Bau von Lucernaria.

In diesem ersten Abschnitt beschreibe ich zunächst die Lucernaria
im Allgemeinen, dann die Glocke, den Stiel, die Tentakeln, die Randpapillen, den Magen, das Gastrovascularsystem, die Muskulatur und endlich die Geschlechtsorgane.

1. Allgemeine Beschreibung.

Vergl. Taf. I. Fig. 1. u. 4.

Man kann im Ganzen eine Lucernaria mit einem Becher oder Trichter
mit doppelten Wänden vergleichen; am Anfang des Stiels verwächst die
innere Wand S in vier Zipfeln s mit der äusseren, so dass hier zwischen
diesen Zipfeln vier Eingänge e in den Hohlraum zwischen den beiden
Wänden entstehen und der Stiel selbst nur von der äusseren Wand gebildet wird. Dort im Grunde des Trichters, wo die innere Wand sich in
die vier Zipfel zu zertheilen anfängt, schickt sie eine cylindrische Erhebung, den Mund des Thiers o, wie einen kurzen Klöppel im Grunde
einer Glocke nach aufwärts, füllt auf diese Weise den engeren Theil im
Trichter ziemlich aus und entzieht den Blicken dadurch gewöhnlich die
vier Zipfel und Eingänge in den inneren Hohlraum.

Wenn wir uns hiernach einen allgemeinen Begriff von einer Lucernaria machen können, so scheint es doch schon hier zweckmässig die
einzelnen Theile dieses Thiers auf die von sonst bekannten Thierformen
zurückzuführen und also die objective Beschreibung zu verlassen und in
die Darstellung des Baues zugleich die Ansicht über dessen Deutung mit
einzuschliessen.

Schon *Sars*[1]) und *Frey* und *Leuckart*[2]) bemerken dass man den Körper der Lucernaria mit der Scheibe einer Qualle vergleichen kann. Der
Hohlraum zwischen den beiden Wänden ist durch vier schmale Scheidewände r, welche auf die beschriebenen Zipfel der inneren Wand zulaufen,
in vier Abtheilungen getheilt, welche nur am Rande des Bechers r' mit
einander communiciren: der Körper der Lucernaria entspricht hiernach
der Scheibe einer Qualle, welche vier weite Radiärgefässe, die man hier
besser Magentaschen nennte, und ein diese am Rande vereinigendes Ringgefäss enthält. Mit weiter Oeffnung münden diese Magentaschen zwischen
jenen Zipfeln der inneren Wand in die Magenhöhle und es ist klar, dass
während die äussere Wand G des Körpers der Lucernaria der Gallertscheibe einer Meduse entspricht, die innere Wand S den Schwimmsack

1) *Sars* a. a. O. p. 21.
2) *Frey* und *Leuckart* a. a. O. p. 9. 10.

derselben vorstellt. Dieser haftet bei Lucernaria, da die Radiärgefässe so unverhältnissmässig weit sind, nur in vier schmalen Streifen *r* der Gallertscheibe an, während bei den Medusen der umgekehrte Fall eintritt und die Radiärgefässe als dünne Canäle zwischen Schwimmsack und Gallertscheibe sich hinziehen.

Wenn man die Entwickelung der Medusen aus einer Knospe durch die Ein- und Ausstülpungen zweier Bildungshäute im Auge hat, so bemerkt man leicht, dass man die Lucernaria als eine **Hemmungsbildung** einer Meduse betrachten darf; denn wenn sich in der Medusenknospe der Schwimmsack eingestülpt hat, so sind die Radiärgefässe anfänglich nicht von einander getrennt, sondern zwischen Schwimmsack und Glocke liegt wie ein eingetheilter Kegel- oder Kugelmantel das embryonale Gefässsystem; darauf wachsen Schwimmsack und Glocke in vier radialen Streifen an einander, sodass vier breite Säcke als Gefässsystem entstehen, die nur am Rande mit einander zusammenhängen. In diesem Zustande nun bleibt das Gastrovascularsystem der Lucernaria stehen, bei den Medusen aber bildet es sich weiter aus und Schwimmsack und Glocke wachsen in immer grösserer Ausdehnung zusammen, bis sie endlich nur in den dünnen Radiärgefässen, wie im Ringgefäss, welches oft auch noch schwindet, von einander getrennt bleiben.

Wenn wir hiernach die Lucernaria als eine im Knospenzustand stehen gebliebene und ausgewachsene Meduse ansehen müssen, so können wir doch die neuerdings von *Agassiz*[1]) ausgesprochene Meinung, dass die Lucernaria am meisten der Strobilaform der Medusen ähnelte nicht annehmen, denn die Scyphostoma und später die Strobila stellt einen Polyp dar, welcher auf einer noch viel niedrigeren Stufe, als die Lucernaria stehen geblieben ist, indem sich bei ihnen noch kein Schwimmsack eingestülpt, also auch noch kein Gefässsystem angelegt zeigt.

Die Aehnlichkeit der Lucernaria mit einer wenig entwickelten Meduse tritt ausser in der Ausbildung des Gastrovascularsystems noch deutlich in der Stellung der Randtentakeln und der Geschlechtsorgane auf. Die **Randtentakeln** *t* der Lucernaria entspringen, in Gruppen vereinigt, wie es auch bei manchen Medusen vorkommt, am Rande der Scheibe, dort wo die Radiärgefässe sich mit dem Ringgefäss vereinigen und sind hier wie dort als blosse Aussackungen des Gastrovascularsystems aufzufassen. Gewöhnlich ist zwischen den Haufen der Tentakeln die Glocke tief eingeschnitten, so dass dieselben auf armartigen Verlängerungen der Glocke zu stehen kommen, und bei einigen Arten sitzt in den Zwischenräumen der Arme am Glockenrande eine **Randpapille** *p*, die man nach

[1]) Contributions to the Natural History of the United States of America. Vol. III. Boston 1860. 4. p. 59. »Incidentally I would also remark that I entertain no doubt respecting the Hydroid affinities of Lucernaria. Moreover their resemblance to the young Medusa is very great especially during the incipient stage of their Strobila state of developpment.«

ihrem Bau für gleichwerthig mit einem Tentakel halten muss. Die Geschlechtsorgane g befinden sich bei Lucernaria ähnlich wie bei vielen
Medusen in der Wand der Radiärgefässe, während sie hier aber das dünne
Gefäss an der Seite des Schwimmsackes ganz umhüllen und wie eine
knopf- oder bandförmige Aussackung desselben erscheinen, treten sie bei
Lucernaria, wo die Radiärgefässe so ausnehmend breit sind nur wie ra-
dialstehende bandförmige Verdickungen in der Wand des Schwimmsackes
auf, der auf den Raum jedes Magensackes jedesmal zwei solcher Ge-
schlechtsbänder entwickelt.

Gerade wie bei der Knospe einer Meduse wird die Glocke der Lucernaria von einem Stiel getragen, welcher, da sich der Schwimmsack
nicht in ihn hineingestülpt hat, nur aus einer einfachen Lage der beiden,
im ganzen Bereich der Acalephen nachzuweisenden, Bildungshäute besteht.
Mit dem blindgeschlossenen Ende dieses Stiels heftet sich die Lucernaria
an verschiedene Seepflanzen an, die beiden von mir lebend beobachteten
Arten stets an Zostera, und hängt frei ins Wasser hinein, meistens ab-
wärts, seltner aufwärts oder in andern Richtungen.

Die Anordnung der Organe hat sich hiernach bei der Lucernaria
ganz in der Weise gezeigt, wie sie für die Medusen bezeichnend ist und in
der folgenden Beschreibung darf man also die Bezeichnungen für die einzelnen Theile der Lucernaria gebrauchen, wie sie in der Anatomie der
Quallen üblich sind.

2. Glocke.

Die Glocke besteht aus der Gallertscheibe, der äusseren Wand des
Bechers, und dem Schwimmsack, der inneren Wand desselben.

Die Gallertscheibe G ist aussen von der äusseren Bildungshaut a,
innen von der inneren Bildungshaut i überzogen und zeigt zwischen diesen
eine mächtige Lage von Gallertmasse z, die wie bei den niederen Quallen
und Siphonophoren ganz ohne zellige Elemente ist und als einzigste Structur feine dichtstehende Fäserchen zeigt, die meistens rechtwinklig von
einer Bildungshaut zur andern ziehen und als blosse Verdichtungen in
der structurlosen Gallertmasse anzusehen sind. Solche Faserbildung findet man ganz allgemein in der Gallertmasse der Medusen und Siphonophoren und ebenso tritt sie auch bei der so räthselhaften Gallertsubstanz
im Körper der Helmichthyden auf. Die beiden Bildungshäute sind wie überall ein aus dicht aneinander liegenden Zellen zusammengesetztes Gewebe.

Am Rande des Bechers (Taf. I. Fig. 3.) biegen sich die beiden Bildungshäute zum Schwimmsack S um, wo die Gallertmasse zwischen
ihnen ganz fehlt und also beide Häute unmittelbar auf einander liegen.
Allerdings kann man im Verlaufe des ganzen Schwimmsacks diese beiden
Zellenhäute nicht erkennen und derselbe scheint nur aus einer einfachen
Lage von Zellen die nach Innen eine Cuticula mit Cilien tragen zu bestehen, allein an der Umschlagsstelle der Gallertscheibe in den Schwimm-

sack, so wie an den Ansatzstellen der Geschlechtstheile und der Mundröhre (Taf. I. Fig. 4.) kann man deutlich die zwei Bildungshäute erkennen und an letzterer Stelle sind beide, was sie besonders deutlich zeigt,
wieder durch Gallertmasse von einander getrennt.

Im Grunde des Bechers ist der Schwimmsack in vier regelmässige
Zipfel *s* getheilt, deren Spitzen an die Gallertscheibe angewachsen sind.
Diese Anwachsstelle setzt sich von da an in einer Linie *r* bis fast zum
Rande des Bechers fort und durch die so entstehenden vier radialen Ver-
wachsungslinien zwischen Gallertscheibe und Schwimmsack wird der
Hohlraum zwischen beiden in vier nur oben am Rande des Bechers mit
einander communicirende Räume *R*, die Radiärgefässe, getheilt. Diese
Verwachsungsstreifen sind bei L. octoradiata viel breiter, wie bei L. cam-
panulata und während sie hier fast linienförmig sind, muss man sie bei
L. octoradiata besser bandförmig nennen. Stets laufen sie gerade auf die
Seiten der mehr oder weniger viereckigen Mundröhre zu und treffen am
Ende jener Zipfel des Schwimmsacks mit den streifenförmigen Geschlechtsorganen zusammen. Bei den Arten also wo die Scheibe in vier
Arme getheilt ist, wie z. B. bei der L. quadricornis liegt diese Verwach-
sungslinie in der Mitte solches Armes, und wenn man daher die Tentakel-
haufen als zusammengehörig betrachten will, welche in der Ausbreitung
eines Radiärcanals ansitzen, so gehören hier nicht die beiden Haufen am
Ende eines Armes zusammen sondern der eine von einem Arm mit dem
zunächststehenden vom andern.

Man erkennt am leichtesten das Verhältniss von der Gallertscheibe
zum Schwimmsack und die Verwachsungsstreifen beider auf Querschnitten durch die doppelte Wand des Bechers, entweder solchen welche in
der Radialrichtung beide Wände treffen (Taf. I. Fig. 3.) oder solchen die
ringförmig am Becher gemacht sind (Taf. I. Fig. 2.).

In der äusseren Bildungshaut sowohl der Gallertscheibe wie des
Schwimmsacks kommen zahlreiche Nesselkapseln vor, welche hier
wie überall in den Zellen dieser Haut entstehen. Auf der Aussenfläche
der Gallertscheibe liegen sie meistens in 0,1—0,2 mm. grossen rundlichen
Flecken zusammen, wo die äussere Haut etwas buckelartig verdickt ist
und die ovalen 0,011 mm. langen Nesselkapseln palisadenartig neben
einander stehend enthält, zugleich mit gelblichen Pigmentkörnern, die
der Oberfläche die im Ganzen röthliche Farbe ertheilen.

Auf der Oberfläche des Schwimmsacks kommen seltner diese pigmentirten Haufen von Nesselkapseln vor, sondern hier liegen diese in
grossen Massen in Einsackungen der äussern Haut (Taf. I. Fig. 14.).
Diese bilden mit blossem Auge gesehen die rundlichen weissen oder bei
L. campanulata oft türkisblauen Flecke *n*, die schon *Lamouroux*[1] anführt

---

[1] Mémoire sur la Lucernaire campanulée in Mémoires du Museum d'histoire
naturelle. Tome II. Paris 1815. 4. p. 463.

und die besonders am Rande des Bechers und im Verlauf der Geschlechtsorgane häufig sind. Es sind dies, wie gesagt, einfache 0,18—0,22 mm.
grosse Einstülpungen der äusseren Bildungshaut, die also in den inneren
Hohlraum, die Radiärcanäle, vortreten und deren Mündung x nach aussen
wulstförmig verdickt und von kaum merklichem Lumen ist. In den Zellen der Wand dieser Einstülpungen bilden sich die Nesselkapseln, fallen
dann in ihren Hohlraum, den sie ganz ausfüllen und treten bei Druck auf
denselben durch die Mündung nach aussen. Diese Einstülpungen haben
also ganz den typischen Bau einer Drüse und erregen dadurch ein besonderes Interesse.

Die Nesselkapseln in diesen Behältern sind, wie die in den gelblichen
Flecken auf der Aussenseite der Lucernaria, wo solche Behälter nur sehr
selten vorkommen, oval und 0,011 mm. lang; beim Aufspringen sitzt der
wie gedreht aussehende Nesselfaden auf einem 0,01 langen hohlen, aussen
mit rückwärtsstehenden Borsten besetzten Stiel auf und die Kapsel hat
dann nur noch 0,008 mm. Länge und ist fast kugelförmig (Taf. I. Fig. 15.).

3. Stiel.

Eie Glocke verschmälert sich ziemlich plötzlich in den cylindrischen
Stiel, dessen Ende blindgeschlossen ist und scheibenartig erweitert zum
gewöhnlichen Anheftungsorgan des Thiers, wie der Fuss einer Actinie,
dient.

Der Stiel ist eine directe Fortsetzung der Gallertscheibe, denn da der
Schwimmsack sich im Grunde des Bechers in vier Zipfel getheilt und damit an die Gallertscheibe angesetzt hat, so enthält der Stiel keine Fortsetzung desselben und seine Wand besteht gerade wie die der Gallertscheibe aus der äusseren und inneren Bildungshaut und der dazwischen
liegenden Gallertmasse.

An Querschnitten des Stiels, die man bei L. campanulata, da er hier
keine Muskeln enthält und fast gar nicht contractil ist, leicht anfertigen
kann (Taf. I. Fig. 10, 11.), erkennt man sofort wie die Wand desselben
nach dem inneren Hohlraum hin in vier Längswülsten l vortritt, welche
gerade so stehen, dass sie oben auf die Zipfel des Schwimmsacks treffen,
und welche die meisten Beobachter erwähnen. Auf der Unterseite des
Fusses markiren sie sich als vier Flecke und im unteren Theile des Stiels
von L. octoradiata, wo ich jedoch wegen seiner grossen Contractilität zu
keinem sicheren Resultat kommen konnte, scheinen sie sich bis zu gegen-
seitiger Verwachsung in der Axe zu verdicken, dass aus dem einfachen
Hohlraum vier von einander getrennte, oben in einander übergehende,
Röhren entstehen (Taf. I. Fig. 13 h).

In der Mitte der Unterseite des Fusses befindet sich eine Einsenkung
der äusseren Haut, die wie es scheint zuerst *Lamarck*[1]) beschreibt und

[1]) Histoire naturelle des Animaux sans vertèbres. II. Paris 1816. p. 472.

welche wie ein Blindsäckchen (Taf. I. Fig. 11. 12. *k*) in die Gallertsubstanz hineinragt. Bei L. campanulata, wo man wegen des uncontractilen
Stiels diese Verhältnisse bequem untersuchen konnte, war bei einer Fussscheibe von 0,44 mm. Durchmesser, dies Blindsäckchen 0,074 mm. hoch
und man konnte mit Sicherheit erkennen, dass es eine blosse Einstülpung
der äusseren Haut ist, welche allerdings soweit reicht, dass sie die ganze
Gallertmasse durchsetzt und im Grunde der Stielhöhle eine kleine Vor-
ragung bildet, wo also, wie sonst im ganzen Stiel nicht, die innere Bildungshaut der äusseren unmittelbar anliegt. Wie jedoch schon *Lamarck*
(a. a. O.) richtig bemerkt, existirt hier also kein mit der Körperhöhle com-
municirendes Loch, wie es z. B. bei Hydra vorkommt und auch *J. Rathke*[1])
giebt bereits an, dass der Stiel unten blind geschlossen ist.

Man kann sich nicht enthalten dieses Blindsäckchen für einen Ueber-
bleibsel eines früheren Entwicklungszustandes anzusehen, da auch
viele junge Quallen an ähnlicher Stelle eine von der äusseren Haut gebildete Einsenkung zeigen, aber nur die Entwicklungsgeschichte, die
mir leider völlig fremd geblieben ist, kann hierüber eine bestimmte Entscheidung geben.

4. Tentakeln.

Bei allen Lucernarien stehen die Tentakeln am Rande der Glocke in
acht Haufen zusammen und der Rand der Glocke ist zwischen diesen ausgeschnitten. Dadurch kommen die Tentakeln auf armartigen Vorragungen
zu stehen, welche bei einigen Arten eine bedeutende Länge erreichen und
so der Glocke ein tief gespaltenes Ansehen geben. Wohl ganz allgemein
stehen diese Arme nicht gleich weit von einander, sondern diejenigen,
welche einer Scheidewand zwischen zwei Radiärcanälen zunächst entspringen sind einander näher gerückt, als die welche in der Ausbreitung
eines Radiärcanals hervorkommen. Hierdurch bilden die Arme vier regelmässige Gruppen und die beiden Arme einer solchen Gruppe gehören
nicht, wie man wohl vermuthen sollte, einem Radiärcanal, sondern zwei
einander benachbarten an und die beiden Arme, die einem Radiärcanal
gegenüber am Rande entspringen vertheilen sich auf zwei solcher Gruppen. Je näher die beiden Arme in einer solchen Gruppe gerückt sind,
desto weniger tief ist der Glockenrand zwischen ihnen ausgeschnitten,
ein desto tieferer Ausschnitt aber findet sich zwischen den einzelnen
Gruppen.

Während bei L. octoradiata und campanulata die Arme nur unmerk-
lich in Gruppen zusammengerückt sind, und in fast regelmässigen Abständen am Rande entspringen, ist dies bei L. quadricornis in sehr hohem
Grade der Fall und wir haben hier scheinbar vier an ihrem Ende getheilte
lange Arme.

1) In *O. Fr. Müller* Zoologia danica. Vol. IV. Havniae 1816. Fol. p. 36.

Die Tentakeln (Taf. 1. Fig. 6. 7.), die sehr starr am Ende eines Armes büschelartig auseinander stehen, sind wie bei allen Acalephen Aussackungen des Gefässsystems und bestehen desshalb aus der äusseren und inneren Bildungshaut. Bei agnz jungen Tentakeln ist dies Verhältniss leicht zu erkennen und man sieht zwischen diesen beiden Häuten auch oft Gallertmasse gebildet, bei älteren dagegen verwandelt sich die innere Haut nach dem Hohlraume zu in ein maschiges Zellengewebe und lässt dort oft kaum einen centralen Canal noch offen, während sie an ihrer äusseren Lage sich zu Muskelfasern umformt, die in der Längsrichtung laufend eine cylindrische Schicht im Tentakel bilden und seine Contractilität bedingen.

Die Tentakeln, bei L. octoradiata und campanulata zählte ich an jedem Arm 25—27 Stück, sind an ihrem Ende knopfförmig angeschwollen; die centrale Höhle breitet sich dort aus und die äussere Haut ist beträchtlich verdickt. Bei L. octoradiata sind diese Knöpfe fast kugelig und haben bei den gewöhnlichen 1,5 mm. langen Tentakeln 0,15 mm. Durchmesser; bei L. campanulata dagegen sind sie scheibenförmig und haben oft in ihrer Mitte eine saugnapfartige Einsenkung und bei 1,6 mm. langen Tentakeln betrug ihr Durchmesser 0,4 mm., so dass sie hier verhältnissmässig eine viel beträchtlichere Grösse, wie bei der erst genannten Art haben.

Bei L. campanulata sind die fünf an der Unterseite eines Arms sitzenden Tentakeln (Taf. I. Fig. 4. 5.) besonders gebaut. Sie sind nämlich kurz und ihre Basis trägt nach unten zu eine rundliche 0,4 mm. grosse buckelartige Hervorragung *b*, die eine Verdickung der äusseren Haut ist und gerade so mit Nesselkapseln gefüllt ist wie das knopfförmige Ende. Diese fünf Buckel sind sehr regelmässig angeordnet, denn der mittlere und untere ist der grösste und die beiden jederseits darüberstehenden sind nach oben hin regelmässig kleiner. *Milne-Edwards*[1]) hat ihre Stellung an der Basis kleiner Tentakeln nicht erkannt und beschreibt sie als Blasen, die wahrscheinlich Secretionsorgane vorstellten.

Die äussere Haut der Knöpfe der Tentakeln, wie auch dieser buckelartigen Verdickungen, enthalten dicht, palisadenartig neben einander stehend, eine Schicht von säbelartig gebogenen Nesselkapseln, die bei L. campanulata 0,015 mm. lang und 0,005 mm. breit sind und zwischen diesen unregelmässig eingelagert viele grössere ovale, die bei derselben Art eine Länge von 0,017 mm. und eine Breite von 0,007 mm. haben. Ausser diesen Nesselkapseln enthalten die Knöpfe Körner von gelbem Pigment, die ihnen die oft lebhafte gelbe Farbe geben.

Das Thier kann mit den Tentakeln Greifbewegungen machen und bei L. campanulata kann es sich mit den scheibenartigen Knöpfen derselben wie mit einem Saugnapf festhalten.

---

1) Hist. nat. des Coralliaires a. a. O. III. 1860. p. 456. Pl A. 6. Fig. 1b. *b*. (nach Zeichnungen von *Jul. Haime*).

5. Randpapillen.

Bei einigen Arten kommen am Rande der Glocke regelmässig zwischen den Armen gestellt eigenthümliche Randpapillen vor, die *O. Fabricius*[1]) von seiner L. auricula zuerst erwähnt und die ich bei der L. octoradiata, wo sie alle früheren Beobachter angeben, untersucht habe. Es sind diese Randpapillen (Taf. I. Fig. 1. und 3. *p.*) Ausstülpungen der beiden Bildungshäute mit der dazwischen liegenden Gallertmasse, also im Wesentlichen Bildungen wie die Tentakeln. Sie sitzen am Rande der Glocke, aber nicht genau auf diesem, sondern unter ihm, so dass sie als Ausstülpungen der Gallertscheibe anzusehen sind. In ihrem Innern haben sie einen weiten Hohlraum, der durch eine grosse Oeffnung mit dem Gefässsystem des Thiers communicirt und haben gewöhnlich eine kugelige oder ovale Gestalt. Bisweilen wird ihre Form ganz tentakelartig und sie zeigen an ihrem Ende dann eine Hervorragung *p'*, die mit Nesselkapseln gefüllt ist und können sich auch so verlängern, dass sie ganz wie ein kleiner einzeln stehender Tentakel aussehen.

Muskelfasern, wie bei den Tentakeln, fand ich in den Randpapillen nicht, die Muskelfasern am Rande der Glocke *m''* ziehen an ihnen ohne hineinzutreten vorüber, aber die Papillen sind trotzdem sehr contractil und wirken wie äusserst kräftige Saugnäpfe. Wenn der Fuss des Thiers von seiner Ansatzstelle abgelöst ist, kann es sich mit diesen saugnapfartigen Papillen festhalten, bis derselbe wieder einen sicheren Stützpunct gefunden hat und oft findet man die Lucernaria mit dem Fuss und den Randpapillen an den Zosterafäden fest anhaften, besonders wenn bei eintretender Ebbe für sie Gefahr vorhanden wäre durch den Strom fortgerissen zu werden.

Der L. campanulata fehlen die Randpapillen, dafür aber sind die Knöpfe der Tentakeln saugnapfartig gebildet und können zum Anhaften und Festhalten gebraucht werden.

6. Magen.

Im Grunde der Glocke (Taf. I. Fig. 4.) ist wie schon angegeben der Schwimmsack *S* in vier dreieckige Zipfel *s* zertheilt, die mit ihren Enden an die Gallertscheibe angewachsen sind. Dadurch entstehen hier vier bogenfensterartige Zwischenräume *e* im Schwimmsack, die von der Magenhöhle in die Radiärcanäle führen. Oberhalb der Stelle wo der Schwimmsack sich in die vier Zipfel zerspaltet schickt er in seinem ganzen Umkreise eine Erhebung nach oben, welche die prismatische Mundröhre *o* bildet und die vielleicht ebenso wie bei den Medusen als eine Vorstülpung des Schwimmsacks entstanden ist. Zwischen ihren beiden Bildungshäuten entwickelt sich eine mächtige Lage von Gallertsubstanz und

---

1) Fauna groenlandica. Hafniae et Lipsiae 1780. 8. p. 342.

ihr freier Rand ist entsprechend ihren vier Seiten in vier Lappen zertheilt,
die aber oft wenig ausgebildet und meistens in viele kleine Läppchen zerschnitten und zusammengefaltet sind.

Am Magen haben wir also den eigentlichen Magenraum, der zwischen den vier Zipfeln des Schwimmsacks liegt und der unten am Anfang
des Stiels endet, wo dessen Wand innen zu einem ringförmigen Wulst verdickt ist und hier den Hohlraum desselben von dem des Magens wie es
scheint meistens abschliesst, und die Mundröhre, die sehr beweglich ist
und ganz zusammengefaltet werden kann, zu betrachten. In der Wand
dieser Mundröhre beschreibt *Lamouroux*[1]) bei L. campanulata solide schei-
benförmige Körper, die zum Zerdrücken der Nahrungsmittel dienten, von
denen ich nichts habe wiederfinden können. In diesem Magen geht die
Verdauung der, wie alle Beobachter übereinstimmend angeben, aus kleinen Krebsen und Mollusken bestehenden Nahrung vor sich und ich habe
im Stiel und den Radiärcanälen niemals Nahrungsmittel angetroffen, an
welcher letzteren Stelle sie jedoch *Sars*[2]) gefunden hat.

An den Rändern jener Zipfel des Schwimmsacks entspringen in einer
Reihe zahlreiche wurmförmige innere Mundtentakeln *f*, die gewöhnlich in den Hohlraum des Magens hineinragen und sich dort windend be-
wegen. Bei den Medusen sind solche innere Mundtentakel sehr verbreitet
und man kann sich nicht enthalten ihnen eine Function bei der Verdauung
zuzuschreiben. Bei Lucernaria kann man sich mit Sicherheit überzeugen,
dass diese Tentakeln, was *Fritz Müller*[3]) schon von den Medusen angiebt,
innen solide sind und aus Gallertmasse bestehen, die von der äusseren
Bildungshaut überzogen ist, und wir können hier desshalb nicht *Gegenbaur,*[4]) welcher diese Tentakeln bei den Medusen und *Frey* und *Leuckart*[5]),
welche sie bei Lucernaria für hohl erklären beistimmen. In dieser Haut
sind viele ovale Nesselkapseln eingelagert und sie ist überall mit Cilien
besetzt, die sich in der ganzen Magenhöhle ebenfalls allgemein finden.

Bei L. campanulata zeigten diese inneren Mundtentakeln einen besonderen Bau (Taf. I. Fig. 16. 17.), indem in fast zwei Drittel des Um-
kreises die äussere Haut stark verdickt ist und nach innen knotig vor-
springt. Dieser grössere Theil der Tentakeln trägt keine Nesselkapseln,
die allein in jenem schmalen Streifen vorkommen wo die äussere Haut
eine gewöhnliche Dicke und innen einen glatten Rand hat.

---

1) Mém. du Mus. a. a. O. p. 462.

2) Fauna litt. Norveg. a. a. O. p. 23.

3) Die Magenfäden der Quallen in Zeitschr. f. wiss. Zoologie. IX. 1858. p. 542.
543. und Zwei neue Quallen von Santa Catharina in Abhandl. der naturforsch. Gesellschaft in Halle. V. Halle 1860. 4. p. 6.

4) Versuch eines Systems der Medusen in Zeitschr. f. wiss. Zoologie. VIII. 1856.
p. 212 und 216.

5) Beiträge a. a. O. p. 15.

7. Gastrovascularsystem.

Zu dem Magen–Gefässsystem muss man bei Lucernaria den Hohlraum im Stiel und den Hohlraum zwischen der Gallertscheibe und dem Schwimmsack in der Seitenwand der Glocke rechnen. Ob diese Räume von dem des Magens zur Zeit der Verdauung abgeschlossen sind, kann ich mit Sicherheit nicht angeben, es scheint jedoch sehr wahrscheinlich und wenn man in ihnen Nahrungsmittel findet, darf man annehmen, dass sie durch Zufall hineingelangt sind.

Dieses ganze Gastrovascularsystem ist innen mit feinen Cilien (Taf. I. Fig. 9.) ausgekleidet, die auf einer Cuticula stehen, welche die Zellenlage der inneren Bildungshaut überzieht.

Ueber den Hohlraum im Stiel brauche ich hier nichts weiter anzuführen, da ich oben bereits die vier in ihm vorspringenden Längswülste und den Ringwulst, welcher ihn vom Magen abschliessen wird, beschrieben habe.

Der Hohlraum zwischen der doppelten Wand der Glocke ist durch die beschriebenen vier Verwachsungsstreifen r in vier den Radiärcanälen R entsprechende Räume getheilt, die am Rande der Glocke, da die Verwachsungsstreifen nicht ganz bis dahin reichen, wie durch ein Ringgefäss r' mit einander communiciren. Bei L. octoradiata sind diese Verwachsungsstreifen sehr regelmässig gestellt; sie laufen stets auf die Mitte einer der vier Seiten der Mundröhre zu, liegen in der Richtung der vier Längswülste im Stiel, und die Löcher die dem Ringgefäss entsprechen sind nur klein, bei L. campanulata dagegen, wo man diese Streifen schwer von aussen erkennt, sich durch Einbringen einer Sonde aber von ihrer Anwesenheit überzeugt, stehen sie oft nicht rein radial und das Ringgefäss hat eine bedeutende und unregelmässige Weite.

Wenn die Arme der Glocke in vier Gruppen zusammenstehen, theilt ein solcher Verwachsungsstreifen stets eine solche Gruppe oder einen Arm erster Ordnung in die zwei secundären Arme, wie ich das oben bereits erwähnt habe. *Frey* und *Leuckart*[1]) beschreiben bei L. quadricornis acht solcher taschenförmiger Radiärcanäle, *Milne–Edwards*[2]) hat aber bereits bemerkt, dass dies auf einem Irrthum beruhen muss und bei dieser Art, wie bei den übrigen darauf untersuchten nur vier Scheidewände und Radiärcanäle vorkommen.

In dem Gastrovascularsystem fand ich stets eine klare oft Körnchen enthaltende Flüssigkeit, welche von den Cilien darin umherbewegt wurde und der Hohlraum desselben wird an einzelnen Stellen sehr eingeengt durch die oben beschriebenen, Nesselkapseln bildenden Blasen, die Muskeln und die Geschlechtsorgane.

---

1) Beiträge a. a. O. p. 11.

2) Leçons sur la Physiologie et l'Anatomie comparée de l'homme et des animaux. Tome III. Paris 1858. p. 71. Note 2.

8. Muskulatur.

Man kann bei Lucernaria leicht die sehr ausgeprägte Muskulatur erkennen, die aus in bestimmten Zügen laufenden Bündeln feiner Muskelfasern, an denen ich keine weitere Structur bemerkte, besteht.
Bei L. octoradiata findet man im Stiel (Taf. I. Fig. 13.) in den
beschriebenen Längswülsten *l*, aber frei in der Gallertmasse, vier
cylindrische oder platte Bündel von Muskelfasern *m*, die unten in der
Fussscheibe entspringen und oben an den Spitzen jener vier Zipfel des
Schwimmsacks plötzlich aufhören. Sie bedingen die grosse Contractilität
des Stiels dieser Art. Bei L. campanulata fehlen diese Muskeln gänzlich
und dem entsprechend zeigt der Stiel (Taf. I. Fig. 10.) keine oder nur
eine sehr geringe Contractilität, sodass man von ihm wie von einem
Pflanzenstengel bequem Schnitte in allen Richtungen anfertigen kann.

In der Glocke kann man zwei Systeme von Muskelfasern, radiale
und ringförmige, unterscheiden, die aber hier wie bei allen Medusen allein
dem Schwimmsack zukommen.

Die radialen Muskelstränge *m′* sind acht an der Zahl und die
Mittellinie jedes Arms enthält einen. In der Spitze eines Zipfels des
Schwimmsacks treffen je zwei dieser Stränge demnach zusammen, laufen
nahe am Rande desselben hin und gehen ganz bis ins Ende des Arms,
wo sie sich etwas ausbreiten und theilweise vielleicht in die Muskulatur
der Tentakeln übergehen. Diese Muskelbündel liegen an der dem inneren
Hohlraum zugewandten Seite des Schwimmsacks und bilden dort eine
wulstartige Verdickung, auf welcher die Geschlechtsorgane sich entwickeln.

Die circularen Muskelstränge *m″* sind allein auf den Rand
des Schwimmsacks, dort wo er sich nach aussen in die Gallertscheibe
umbiegt beschränkt. Sie ziehen hier von einem Arm zum andern, in deren
Spitzen sie enden und vielleicht auch Fasern zu den Tentakeln abgeben,
deren Muskulatur schon oben erwähnt wurde. Dicht neben diesem circularen Faserzug auf der Seite der Gallertscheibe entspringen die Randpapillen, in die keine von diesen Muskelfasern eintreten, die aber trotzdem einen hohen Grad von Contractilität besitzen.

9. Geschlechtsorgane.

Die Geschlechter sind bei Lucernaria, wie es bei den Medusen die
Regel ist [1]), getrennt und die Geschlechtsorgane, wie in der ganzen Familie der Thaumantiaden, im Verlaufe der Radiärcanäle angebracht. In
der Wand jedes dieser so breiten Canäle finden sich durch seine ganze
Länge verlaufend zwei nach ihrem Hohlraum vorspringende Wülste,
die vom Ende der Arme, worin der Glockenrand getheilt ist, bis unten in

---

1) Siehe über eine Ausnahme *Strethill Wright* On hermaphrodite Reproduction
in Chrysaora hyoscella in Ann. and Mag. of Natural History [3]. VII. 1861. p. 357—
360. Pl. 18. Fig 1 - 5.

die Zipfel des Schwimmsacks verlaufen und deren Lage genau bezeichnet
wird, wenn ich bemerke, dass sie gerade auf oder neben den beschriebenen radialen Muskelsträngen hinziehen.

Diese wulstartigen Geschlechtsorgane fallen sofort in die Augen und
O. *Fabricius*[1]), wie *Lamouroux*[2]) beschrieben sie als vom Magen radial
ausgehende Därme; erst *J. Rathke*[3]) vermuthet dass sie Geschlechtsorgane wären.

Genauer betrachtet bestehen die Geschlechtswülste *g* bei L. octoradiata aus neben einander liegenden kugeligen Ausstülpungen der inneren Bildungshaut des Schwimmsacks, in welcher sich vielleicht aus einer
Wucherung der äusseren Bildungshaut, wie es bei den Medusen[4]) und
Siphonophoren[5]) ist, die Geschlechtsproducte entwickeln. Während bei
den Medusen diese Ausstülpungen oder Verdickungen der Wand der Radiärcanäle nach aussen vortreten, liegen sie bei Lucernaria an der inneren Seite. Die innere Bildungshaut enthält, soweit sie die Geschlechtsorgane überzieht besonders beim Weibchen viel braunes Pigment und
hieran, wie an der weisslichen Farbe der mit reifem Samen gefüllten
Hodenschläuche kann man in den meisten Fällen das Weibchen leicht mit
blossem Auge vom Männchen unterscheiden. Die Eierschläuche sind dicht
gedrängt mit gewöhnlich 0,037 mm. grossen Eiern gefüllt, deren Dotter
röthlich und grobkörnig ist und oft das 0,015 mm. grosse Keimbläschen
mit 0,004 mm. grossem Keimfleck völlig verdeckt. Die Samenschläuche
haben im unreifen Zustande innen ein lappiges Ansehen durch die grossen
körnigen samenbildenden Zellen, die sie anfüllen; wenn der Samen reif
ist sieht ein solcher Samenschlauch ganz gleichmässig aus und enthält
zahllose höchst bewegliche und im Wasser lange lebende Zoospermien
(Taf. I. Fig. 18.), die einen 0,004—0,0045 mm. langen nagelähnlichen
Kopf haben an dessen breitem Ende der lange, dicke und steife Schwanz
ansitzt.

Unter den sehr vielen Exemplaren von L. octoradiata die ich unter-
suchte, waren etwa ebenso viele Männchen wie Weibchen, die sich in
Gestalt und Grösse nicht von einander unterschieden, aber durch die
Farbe der Geschlechtsorgane wie oben angeführt gut erkennen liessen.
Unter den gesammelten etwa zwanzig Exemplaren von L. campanulata
befand sich kein Weibchen, alle waren Männchen.

Die Geschlechtsorgane der letzteren Art weichen in ihrer Gestalt etwas von denen der L. octoradiata ab, indem die Samenschläuche, die ich
also allein untersuchen konnte, nicht kugelige sondern bloss lappige Vor-
sprünge bilden, und während bei L. octoradiata in dem mittleren Theil

---

1) Fauna groenlandica a. a. O. p. 342.
2) Mém. du Mus. a. a. O. p. 466.
3) Zoologia danica. IV. a. a. O. p. 36.
4) Siehe unten.
5) *Keferstein* und *Ehlers* Zoolog. Beiträge. Leipzig 1861. 4 p 14.

des Geschlechtsorgans stets zwei kugelige Schläuche neben einander liegen kommt dies bei L. campanulata nicht vor und das ganze Organ sieht aus wie ein bandförmiger gelappter Strang.

Ueber Befruchtung und Entwicklung stehen mir trotzdem, dass die Lucernarien wochenlang in meinen Gläsern lebendig blieben, gar keine Beobachtungen zu Gebote.

B. Die systematische Stellung von Lucernaria.

In diesem Abschnitt werde ich zuerst die Gattung Lucernaria durch die Anordnungen der verschiedenen Systematiker verfolgen, darauf prüfen zu welcher Thierordnung man sie am richtigsten stellt und zuletzt eine Uebersicht über die bisher bekannt gewordenen Arten geben.

1. Geschichtliche Uebersicht.

Die Gattung Lucernaria wurde von *Otto Fr. Müller*[1]) entdeckt und aufgestellt und zur selben Zeit auch von *Otho Fabricius* in Grönland aufgefunden. Auch diese grönländische Art führte *Müller*[2]) zuerst in die Literatur ein, erkannte aber nicht ihre Zusammengehörigkeit mit seiner neuen Gattung, sondern stellte sie, allerdings mit Zweifel, zu Holothuria: es ist deshalb unrecht, wenn *Milne-Edwards*[3]) als Autor dieser Gattung *Fabricius* anführt. Die grönländische Art beschrieb ihr Entdecker *Fabricius*[4]) später unter dem von seinem Freunde gegebenen Gattungsnamen genau und *Gmelin*[5]) stellt die neue und sehr anomal scheinende Gattung mit Actinien, Holothurien, Medusen, Seesternen zu der Linné-schen Ordnung der Würmer: Mollusca.

Eine längere Zeit findet unsere Gattung in den Systemen gar keinen Platz bis man mit der allgemeinen Kenntniss über die Abtheilung der Zoophyten auch für die Beurtheilung der so merkwürdigen Lucernaria neue Vergleichungspuncte fand. Hier treten uns dann gleich die beiden Ansichten entgegen, die sich bis heutzutage über die Stellung der Lucernaria geltend gemacht haben, nach der einen, die *Lamarck*[6]) vertritt,

1) Zoologiae danicae Prodromus Havniae 1776. 8. p. 227. Nro. 2754. Lucernaria quadricornis.

2) a. a. O. p. 232. Nro. 2812. Holothuria lagenam referens tentaculis octonis fasciculatis. O. Fabric. Vix Holothuria, Ascidia potius.

3) Hist. des Coralliaires. III. Paris 1860. 8. p. 457.

4) Fauna groenlandica. Havniae et Lipsiae 1780. 8. p. 341—342. Nr. 332. Lucernaria auricula.

5) Carol. a Linné Systema naturae. ed. XIII. cura *J. F. Gmelin*. Lipsiae 1788. 8. Tomus I. Pars VI. p. 3151.

6) Système des Animaux sans vertèbres ou Tableau général des classes, ordres et genres des Animaux. Paris, an IX. 1801. 8. p. 354. Lucernaria in der Ordnung Radiaires molasses, welche hier noch nicht in zwei Unterordnungen getheilt werden, und Philosophie zoologique Tome I. Paris 1809. 8. p. 294 am selben Platz.

gehört unsere Gattung zu den medusenartigen Thieren, während nach der andern, welche *Cuvier*[1]) annahm, dieselbe vielmehr in der Nähe der Actinien ihren Platz finden sollte.

Lamarck[2]) stellte die Gattung mit Siphonophoren und Ctenophoren zu seiner Abtheilung der Radiaires molasses, nämlich den Radiaires anomales, erkennt aber dabei wie sie mit den Radiaires médusaires verwandt sei, welches auch *F. Dujardin*[3]) in der zweiten Ausgabe des Lamarckschen Werkes sehr betont, sie jedoch auf dem von *Lamarck* gegebenen Platze lässt.

Cuvier[4]) meint im Gegensatz zu seinem grossen Collegen am Pflanzengarten, dass die Gattung Lucernaria den Actinien genähert werden müsste, wie es schon vor ihm *Lamouroux*[5]) behauptet hatte, und bildet aus ihr mit Actinia und Zoanthus seine erste Ordnung Acalephes fixes in seiner Classe der Acalephen. Aehnlich beurtheilt *Latreille*[6]) unsere Gattung und stellt eine eigene Ordnung der Strahlthiere Helianthoidea auf, die er den Acalephen und Polypen entgegensetzt, welche die Gattungen Lucernaria mit Actinia enthält.

Dieser besonders durch *Cuvier* angewiesene Platz im System erfreute sich eines allgemeinen Beifalls und bei fast allen Schriftstellern, wie *Schweigger*[7]), *Blainville*[8]), *Ehrenberg*[9]), *Johnston*[10]), *van der Hoe-*

1) Le Règne animal distribué d'après son organisation. Tome IV. Paris 1817. 8. p. 53.

2) Histoire naturelle des Animaux sans vertèbres. Vol. II. Paris 1816. 8. p. 473 »Les Lucernaires commencent à donner une idée des médusaires et néanmoins elles semblent tenir aux physophores par leur partie dorsale prolongée verticalement et par leur base élargie et lobée ou rayonnée.«

3) Lamarck Histoire naturelle des Animaux sans vertèbres. 2 me édit. Tome III. Paris 1840. 8. p. 58. »Peutêtre en raison de leur mode de division quaternaire et de la structure de leurs ovaires en forme de cordons fraisés comme ceux des Méduses doit on les rapprocher davantage de ce dernier type.«

4) a. a. O. p. 53. »Paraissent devoir être rapprochées des actinies«.

5) Mémoires du Muséum d'histoire naturelle. Tome II. Paris 1815. 4. a. a. O. p. 470. »Ainsi les Lucernaires d'après leur forme, leur organisation, leur manière d'exister, doivent être réunies aux Actinies et former avec elles un groupe particulier dans la section des Radiaires molasses réguliers.«

6) Familles naturelles du Règne animal. Paris 1825. Deutsch von Berthold. Weimar 1827. 8. p. 544.

7) Handbuch der Naturgeschichte der skeletllosen ungegliederten Thiere. Leipzig 1820. 8. p. 547.

8) Article *Zoophytes* im Dictionnaire des Sciences naturelles. Tome 60. Paris 1830. 8. p. 283.

9) Beitrag zur physiologischen Kenntniss der Corallenthiere im Allgemeinen und besonders des rothen Meers, nebst einem Versuche zur physiologischen Systematik derselben in Abhandlungen der k. Academie der Wiss. in Berlin. 1832. I. Berlin 1834. 4. p. 267 heisst es bei der Gattung Lucernaria »Ovariorum dispositio Medusis affinior est quam Actiniis, in eundemque characterem ventriculi liberi pendulique defectus abit.«

10) History of the British Zoophytes. Edinburgh 1838. 8. p. 228—234.

ven[1]), *Dana*[2]), *Troschel*[3]), *Burmeister*[4]), u. s. w. bleibt die Lucernaria mit Actinia eng vereinigt und beide Gattungen theilen in der weiteren Einordnung im Systeme stets gleiches Schicksal, wenn auch einige Verfasser wie *Ehrenberg*, *Allman*[5]), *van der Hoeven*, *Burmeister* ihre Aehnlichkeit mit den Medusen wohl erkennen und sich zweifelnd über die Richtigkeit ihres Platzes neben den Actinien ausdrücken.

Aus ihrer Stellung neben Actinia wurde die Lucernaria erst verdrängt, als man durch *Sars*[6]), durch *Frey* und *Leuckart*[7]) und durch *Milne-Edwards*[8]) ihren Bau genauer kennen lernte und *Leuckart*[9]) sie in der Classe der Polypen, den Anthozoen, als zweite Ordnung Calycozoa, Becherpolypen, gegenüber stellte. Wie es scheint kamen *Milne-Edwards* und *Jules Haime*[10]) unabhängig von *Leuckart* ebenfalls zur Ueberzeugung, dass die Lucernaria von den Actinien völlig zu trennen sei und theilten ihre Unterclasse Corallaria in drei Ordnungen Zoantharia, Alcyonaria und Podactinaria, welche letztere einzig die Gattung Lucernaria enthält und *Milne-Edwards*[11]) nähert sich später noch mehr der Leuckart'schen Auffassung, indem er in der Classe der Corallenthiere nur zwei Unterclassen Cnidaires und Podactinaires annimmt und so ganz wie *Leuckart* die einzige Gattung Lucernaria allen Anthozoen gegenüberstellt.

Wie früher die Cuvier'sche Ansicht allgemeinen Eingang fand, so geschah es jetzt mit der von *Leuckart* und *Milne-Edwards* aufgestellten

1) Handboek der Dierkunde. Erste Deel. Tweede Uitgave. Amsterdam 1846. 8. p. 114. »An hujus loci? *Lamarckius* hoc genus ad Acalephas retulit.«

2) Structure and Classification of Zoophytes. United States exploring Expedition under command of Cap. *Ch. Wilkes*. Vol. III. Philadelphia 1846. 4. p. 113.

3) *Troschel* und *Ruthe* Handbuch der Zoologie. 4. Aufl. Berlin 1853. 8. p. 621.

4) Zoonomische Briefe. I. Leipzig 1856. 8. p. 134., in der Anmerkung dazu p. 341 sagt der Verfasser »Lucernaria ähnelt fast mehr den Medusen als den Polypen.«

5) On the structure of Lucernaria in Reports of the Brit. Assoc. for the Av. of Sc. XIV Meet. held at York 1844. London 1845. 8. Transact. of Sections p. 66. »The position of the Lucernaria in the animal kingdom is in close relation with the Acalepha, a group with which they would appear to be more nearly allied, than with the proper zoophytes, though they constitute a remarkable and beautiful transition between the pulmograde Acalepha on the on hand and the Helianthoid zoophytes on the other.

6) Fauna littoralis Norvegiae. Erstes Heft. Christiania 1846. Fol. a. a. O. p. 20 — 27. Taf. 3.

7) Beiträge zur Kenntniss wirbelloser Thiere. Braunschweig 1847. 4. a. a. O. p. 9—16. Pl. I. Fig. 3.

8) Im Atlas der grossen Ausgabe von *Cuvier* Règne animal. Paris 1849. 8. Zoophytes Pl. 63. Fig. 1a.

9) Ueber die Morphologie und die Verwandtschaftsverhältnisse der wirbellosen Thiere. Ein Beitrag zur Charakteristik und Classifikation der thierischen Formen. Braunschweig 1848. 8. p. 20. und Nachträge und Berichtigungen zum ersten Bande von *van der Hoeven's* Handbuch der Zoologie. Leipzig 1856. 8. p. 24.

10) A Monograph of the british fossil Corals. Part. I. London, printed the Palaeontologial Society 1850. 4. Introduction.

11) Histoire naturelle des Coralliaires I. Paris 1857. 8. p. 94.

und die meisten Autoren wie *Troschel*[1]), *Bronn*[2]) u. v. A., erkennen in
der Gattung Lucernaria den Typus einer besonderen Abtheilung unter
den Polypen, während merkwürdiger Weise *Gegenbaur*[3]) unsere Gattung
zu der Ordnung der Octactinien rechnet, wohin noch kein früherer Systematiker dieselbe hatte stellen mögen.

Nachdem wir so zwei Stadien in der systematischen Stellung der
Lucernaria, wo sie einmal mit den Actinien eng vereinigt war und dann
als eine besondere Abtheilung unter den Corallenthieren anerkannt wurde,
kennen gelernt haben, die nach einander in den systematischen Hand-
büchern herrschten, kommen wir nun ins dritte und letzte Stadium ihrer
systematischen Schicksale, wo man fast auf *Lamarck's* Ansicht zurückgeführt wurde und die Zusammengehörigkeit der Lucernaria mit den Medusen erkannte.

Es ist *Huxley*[4]), der die Lucernarien auf diesen neuen Platz hin-
führt und die ganze Abtheilung der Medusen als Lucernaridae bezeichnet;
ihm schliessen sich *Reay Greene*[5]) und *Allman*[6]) völlig an und letzterer erkennt in Lucernaria noch eine grössere Aehnlichkeit mit den nacktäugi-
gen, wie mit den bedeckt-äugigen Medusen. Auch *Agassiz*[7]) stellt die
Lucernaria auf einen ähnlichen Platz zu den Hydroidpolypen und bemerkt
ihre Aehnlichkeit besonders mit einer jungen Meduse, geht aber meiner
Ansicht nach zu weit, wenn er sie am ähnlichsten mit der Strobilaform
der Medusen hält.

Diese Meinung über die Stellung der Lucernaria zu den Medusen hat
sich bisher nur eines geringen Beifalls erfreut und noch findet sich in keinem
System die so vielfach umhergeworfene Gattung auf diesem, wie es mir

1) *Troschel* und *Ruthe*, Handbuch der Zoologie. 5. Aufl. Berlin 1859. 8. p. 603.
2) Die Klassen und Ordnungen des Thierreichs. Zweiter Band. Aktinozoa. Leipzig und Heidelberg 1860. 8. p. 46. *Bronn* theilt die Korallenthiere Polypi in drei
Ordnungen: Polycyclia, Monocyclia und Dyscyclia, welche letztere einzig die Lucernaria enthält.
3) Grundzüge der vergleichenden Anatomie. Leipzig 1859. 8. p. 68. Die Polypen werden hier in Hexactinia, Pentactinia und Octactinia eingetheilt.
4) Lectures on general natural history, in The Medical Times and Gazette [N. S.]
Vol. XII. Jan.—Jun. 1856. (old series Vol. XXXIII.) London 1856. Lecture IV. Juny 7.
p. 563. Die Hydrozoa theilt hier *Huxley* in fünf Familien: Hydridae, Sertularidae,
Diphydae, Physophoridae und Lucernaridae. Er rechnet die Lucernaria zu den
covered-eyed Medusa und sagt p. 506: „Lucernaria is in all essential respects com-
parable to an Aurelia or other Medusa fixed by the middle of the upper surface of its
disc.'' Und The oceanic Hydrozoa. London 1859. fol. (Ray Society.) p. 21.
5) On the Genus Lucernaria, in Natural history Review. Vol. V. London 1858.
Proceed. of Societies. p. 133. 134.
6) On the Structure of Lucernariadae, in Report of the 29 meet. of the Brit. Assoc.
for the Advanc. of Science held at Aberdeen 1859. London 1860. p. 143. 144. und
On the Structure of Carduella cyathiformis in Transact. of the Microscop. Society.
[N. S.] Vol. VIII. London 1860. p. 125—128. Pl.
7) Contributions to the natural history of the United States of America. Vol. III.
Boston 1860. 4. p. 59.

scheint, richtigen Platze. *Schlegel*[1]) hat sie in seinem Handbuche der Zoologie noch am meisten ihrer richtigen Stellung genähert, indem er sie bei den Hydroidpolypen unterbringt.

2. Stellung von Lucernaria im System.

Aus der Darstellung, welche im ersten Abschnitt vom Bau der Lucernaria gegeben ist, erhellt, wie in allen wesentlichen Theilen diese so anomal scheinende Gattung mit den Medusen übereinstimmt und dass man sich eine richtige Vorstellung von ihrer Form und der Anordnung ihrer Organe macht, wenn man sie sich wie eine noch festsitzende gestielte Medusenknospe denkt, bei der der Magen bereits gebildet und am Ende geöffnet ist, bei welcher aber die Radiärcanäle noch eine sehr grosse Breite haben und nur durch schmale Querwände von einander geschieden sind; welche dann in diesem Zustande der Entwicklung stehen bleibt, auswächst und im Verlaufe der Radiärcanäle Geschlechtsorgane entwickelt.

Ich könnte hier in Bezug auf die Medusen–Aehnlichkeit nur das wiederholen, was an vielen Stellen im ersten Abschnitt begründet ist, und füge nur hinzu, dass, wie die Lucernaria sich den Medusen nähert, sie in den wesentlichen Theilen von den actinienartigen Thieren abweicht, denn es fehlt ihr sowohl der in die Körperhöhle hineinhängende Magen, als auch die Lage der Geschlechtsorgane auf den freien Rändern der Scheidewände, wie es für die Anthozoen bezeichnend ist, und ich habe in ihrem Bau nichts entschieden Polypenartiges finden können, wie es *Leuckart*[2]) angiebt, welcher sich nach eigenen noch unpublicirten Untersuchungen für die Zugehörigkeit seiner Calycozoa zu den Polypen noch neuerdings bestimmt ausspricht.

Die Classe der Cölenteraten, die überall mit dem grössten Beifall aufgenommen ist und gegen die sich nur *Agassiz*[3]) mit Entschiedenheit erklärt, möchte ich, wie es auch *Leuckart* u. v. A. thun, in drei Unterclassen, Anthozoen, Ctenophoren und Acalephen, theilen. Schon nach der Ausbildung des Magens kann man diese drei Abtheilungen unterscheiden: bei den Anthozoen hängt er frei in die Körperhöhle, die durch radiale Scheidewände in Kammern geschieden ist, während bei den Ctenophoren, wo die Magenbildung mit der bei den Anthozoen am meisten Aehnlichkeit hat, stets ein Canalsystem existirt, welches die Verdauungssäfte durch den Körper leitet, und der Magen bei den Acalephen entwe-

---

1) Handleiding tot de beoefening der Dierkunde. II. Deel. Breda 1858. 8. p. 522. 523.

2) Jahresbericht über die Naturgeschichte der niederen Thiere für 1859, im Archiv für Naturgeschichte 1860. II. p. 204. (Auch separat Berlin 1861. 8. p. 102.)

3) Contributions to the Natural History of the United States of America. (Second Monograph: Acalephs.) Vol. III. Boston 1860. 4. p. 63—72.

der frei herunterhängt oder in der Körpersubstanz selbst ausgehöhlt ist. Die Ctenophoren, die man gewöhnlich mit *Eschscholtz* zu den Acalephen rechnet, unterscheiden sich so wesentlich von diesen, auch im mikroskopischen Bau ihrer Theile, und sind so ähnlich den Anthozoen, dass man sie sicher mit Recht als eine den Acalephen und Anthozoen gleichwerthige Gruppe der Cölenteraten ansieht.

Zu den Acalephen rechne ich einmal die Medusen mit den Hydroidpolypen, die man als Hydrasmedusen passend zusammengefasst hat, und als zweite Ordnung die Siphonophoren. Zu den Hydrasmedusen gehören auf den ersten Blick sehr verschiedenartige Wesen, kleine Polypen, die durch Quertheilung ihren oberen Theil in Medusen zerlegen, grosse Polypenstöcke, an denen bei einigen Medusen sprossen, bei andern aber die Fortpflanzung durch Eier geschieht, endlich Medusen, die meistens allerdings als Knospen an Polypen entstanden sind, oft aber auch sich direct aus Eiern entwickelt haben. Alle diese Formen gehören aber zusammen, wie die zahlreichen Uebergänge unter ihnen zeigen, und so grossen Werth die Natur bei den höheren Thieren auf die Geschlechts- und Entwicklungsverhältnisse legt, so wenig scheint dies bei unserer Thierordnung der Fall zu sein, und so regelmässig bei einer Form die Stadien des Eies, des Polypen und der Meduse durchgemacht werden, so wenig findet das bei andern statt und oft bleibt das Thier schon im Stadium des Polypen stehen und wird darin fortpflanzungsfähig, oft auch wird der Polypenzustand ganz überschlagen und aus dem Ei kommt sofort die Meduse hervor. Alle diese Verschiedenheiten können aber, wie gesagt, keine systematischen Eintheilungen begründen und da die Medusengeneration in zwei schon von *Eschscholtz* unterschiedenen und von *Gegenbaur* als Acraspeda und Craspedota bezeichneten Formen auftritt, so kann man die Hydrasmedusen hiernach in zwei Unterordnungen theilen, zu denen sich als dritte die Lucernariada gesellen.

Indem wir die Lucernaria als eine Unterordnung zu der Ordnung der so vielformigen Hydrasmedusen stellen, schwindet mehr und mehr das Wunderbare in ihrem Bau, denn wie wir in dieser Ordnung zahlreiche Medusen haben, die unmittelbar aus dem Ei entstehen, andere, welche erst an einem Polypenstock sprossen, so begreift es sich leicht, wie es auch Formen, gerade wie die Lucernaria, geben kann, bei welchen die Meduse am Anfang ihrer Entwicklung stehen geblieben ist, in diesem Zustand aber zum geschlechtsreifen Thier auswächst.

3. Die Gattung Lucernaria und ihre Arten.

Nachdem wir im Vorhergehenden den Bau und die systematische Stellung von Lucernaria erläutert haben, können wir diese Gattung folgendermaassen charakterisiren.

Lucernaria O. Fr. Müller 1776.

Thier im Allgemeinen vom Bau einer Meduse, von der Form einer gestielten Glocke. Stiel unten in einen scheibenförmigen Fuss erweitert, womit sich das Thier festheften kann. Glocke am Rande in acht mehr oder weniger hervorragende und mit vielen Tentakeln besetzte Arme auslaufend, die oft zu vier Paaren zusammengerückt sind. Vier breite, nur durch schmale Scheidewände von einander getrennte Radiärcanäle, die am Glockenrande mit einander communiciren. Mund zu einer vierseitigen Mundröhre verlängert. Im Magen innere Tentakeln. Geschlechtsorgane in acht den Armen entsprechenden Strängen in der Wand des Schwimmsacks.

Diese Gattung ist wahrscheinlich auf die nördlichen Meere beschränkt und in Europa scheint der Canal, in Amerika die Fundy-Bay der südliche Punct zu sein. Allerdings erwähnen sie *Quoy* und *Gaimard*[1]) auch von Toulon, jedoch sehr unbestimmt, und von Späteren wird die Lucernaria im Mittelmeer nirgends angeführt.

Die Arten dieser Gattung haben sich bisher in ziemlicher Verwirrung befunden, was besonders daher kam, dass man die von *O. Fabricius* entdeckte Art mit der später von *J. Rathke* unter demselben Namen beschriebenen Art identisch hielt. Nachdem ich aus der Beschreibung von *Fabricius* gesehen, dass seine Art mit der von *Rathke* in keiner Weise zusammengehört, finde ich, dass schon vor mir *Steenstrup*[2]) sowohl, wie *Sars*[3]) dieselbe Meinung ausgesprochen haben, so dass man nun mit Sicherheit die Art von *Fabricius* als eine besondere ansehen darf.

1. Lucernaria quadricornis.

Lucernaria quadricornis *O. F. Müller* Zoologiae danicae Prodromus. Havniae 1776. 8. p. 227. Nr. 2754.

Lucernaria quadricornis *O. F. Müller* Zoologiae danicae Icones. Fasc. primus. Havniae 1777. tab. XXXIX. — Zoologia Danica. Vol. 1. ad formam tabularum denuo edidit frater auctoris (*C. F. Müller*). p. 51. Abbildung und Beschreibung nach einem kleinen Exemplar von Christiansand.

Lucernaria quadricornis *J. F. Gmelin* in Linné Systema Naturae. ed. XIII. Tom. I. Pars VI. Lipsiae 1788. p. 3151.

1) *Dumont d'Urville*, Voyage de découvertes de l'Astrolabe 1826—29. Zoologie par *Quoy* et *Gaimard*. Tome IV. Paris 1833. 8. p. 309. ,,Nous avons trouvé quelquesfois des Lucernaires. Ces derniers Zoophytes sont des plus rares, car nous ne l'avons vu que là.‘‘

2) Bidrag til Kundskab om de nordiske Lucernarier in Videnskabige Meddelelser fra den naturhistoriske Forening i Kjöbenhavn for Aaret 1859. Kjöbenhavn 1860. 8. p. 106—109. (Meddelt den 8de April 1859.)

3) Om de ved Norges Kyst forekommende Arter af Slaegten Lucernaria in Forhandlinger i Videnskabs-Selskabet i Christiania. Aar 1860. Christiania 1861. 8. p. 145—147. (30. November 1860.)

Lucernaria fascicularis *J. Fleming* Contributions to the British fauna in Memoirs of the Wernerian natural history Society. Vol. II. For the year 1811—16. Edinburgh 1818. p. 248—249. Plate 18. (communicated 1809.) Nach einem grossen Exemplar von Zetland.

Lucernaria quadricornis *Lamouroux* Mémoires du Muséum d'histoire naturelle. Tome II. Paris 1815. 4. p. 471.

Lucernaria fascicularis *Lamouroux* a. a. O. 1815. p. 470. 471.

Lucernaria quadricornis *Lamarck* Histoire naturelle des Animaux sans vertèbres. Vol. II. Paris 1816. 8. p. 474. *Lamarck* rechnet hierzu auch die L. auricula *Fabricius*.

Lucernaria quadricornis *Sars* Bidrag til Södyrenes Naturhistorie. 1 Heft. Bergen 1829. 8. p. 43. Taf. 4. Fig. 14—18.

Lucernaria fascicularis *Ehrenberg* Korallenthiere, in Abhandl. der k. Akad. d. Wiss. in Berlin 1832. I. Berlin 1834. p. 267. Nach einem Exemplar von Grönland.

Lucernaria fascicularis *Johnston* History of British Zoophytes. Edinburgh 1838. p. 228. 229.

Lucernaria quadricornis *Sars* Fauna littoralis Norvegiae. 1. Heft. Christiania 1846. fol. p. 20—25. Taf. 3. Fig. 1—7. *Sars* rechnet hierzu auch die L. auricula *Fabricius*.

Lucernaria fascicularis *Johnston* History of British Zoophytes. 2. ed. II. London 1847. p. 244. 245. Pl. 45. Fig. 3 6 (nach Zeichnungen von *Forbes*).

Lucernaria fascicularis *Frey* und *Leuckart* Beiträge zur Kenntniss wirbelloser Thiere. Braunschweig 1847. 4. p. 9—11. Taf. I. Fig. 3.

Lucernaria quadricornis *V. Carus* in seinen Icones zootomicae. Leipzig 1857. fol. Tab. IV. Fig. 1. 2.

Lucernaria quadricornis *Milne-Edwards* Histoire naturelle des Coralliaires. III. Paris 1860. 8. p. 459.

Die Glocke ist flach, der Stiel länger wie die Glocke. Die langen Arme paarweis vereinigt, nur an ihrem Ende auseinander tretend und jeder mit vielen (bis 100) Tentakeln. Bis 70 mm. gross.

Diese grösste der bekannten Arten kommt längs der ganzen norwegischen Küste, im Kattegat und Sund (*Steenstrup*) vor, ferner in Süd- und Nordgrönland, an der Ostküste von Nordamerika [1]), den Faröer- und Shetlands-Inseln.

Sars [2]) fand unter vielen Exemplaren von L. quadricornis eins, welches am Rande zwischen den vier Armen eine Randpapille wie die L. auricula trug: ich wage nicht zu entscheiden, ob dies vielleicht auf eine neue Art hindeutet.

2. Lucernaria auricula.

Holothuria lagenam referens tentaculis octonis fasciculatis. *O. F. Müller* Zoologiae danicae Prodromus. Havniae 1776. 8. p. 232. Nr. 2812.

[1]) Nach *W. Stimpson* Synopsis of the marine Invertebrata of Grand Manan (Bay of Fundy) p. 8. in Smithsonian Contributions to Knowledge. Vol. VI. Washington 1854. 4.

[2]) Bidrag a. a. O. p. 45. Tab. 4. Fig. 14.

Lucernaria auricula *Otho Fabricius* Fauna groenlandica. Havniae et Lipsiae 1780. 8. p. 341. 342. Nr. 332.

Lucernaria auricula *J. F. Gmelin* in Linné Systema naturae. ed. XIII Tom. I. Pars VI. Lipsiae 1788. p. 3151. 3152.

Lucernaria auricula *Sars* Bidrag til Södyrenes Naturhistorie. 1829. p. 34—43. Tab. 4. Fig. 1—13.

Lucernaria auricula *Steenstrup* in Videnskabige Meddelelser for Aaret 1859. Kjöbenhavn 1860. p. 108.

Lucernaria auricula *Sars* Forhandl. i Videnskabs Selskabet i Christiania. Aar 1860. Christiania 1861. 8. p. 145.

Glocke tief trichterförmig, fast cylindrisch, mit acht kleinen gleichweit von einander abstehenden Armen, zwischen denen sich die acht sehr kleinen Randpapillen befinden. Stiel eben so lang oder etwas länger als die Glocke. Bis 40 mm. lang.

Diese Art ist bis in die neueste Zeit mit andern verwechselt; *Lamarck, Blainville, Sars* stellen sie zu der L. quadricornis, während sie *J. Rathke, Montagu, Johnston, Milne-Edwards* mit der L. octoradiata zusammen werfen.

Nach den Manuscripten von *Otho Fabricius* Zoologiske Samlinger eller Dyrbeskrivelser, welche sich mit den zugehörigen Federzeichnungen in der Königlichen Bibliothek in Kopenhagen finden, erkannte *Steenstrup* (a. a. O.) die Selbständigkeit dieser Art, wonach schon nach der Beschreibung von *Fabricius* (a. a. O.) kein Zweifel sein konnte. Denn was allein schon die Form betrifft, so meldet dieser treffliche Beobachter a. a. O. p. 342: ,,Figura lagenae obversae non absimilis est; si autem pars amplior dilatatur, tentaculis suis florem primulae auriculae potius refert", und weiter: ,,Corpus margine cincto tuberculis octonis granulatis per paria basi juncta dispersis. Inter singulum par margo vix incisus est pistillifer; quod pistillum tamen in omnibus non vidi, sine dubio igitur retractile".

Bald darauf bemerkte *Sars* a. a. O., dass die von ihm auf den Lofoten gefundene ,,abweichende Form [1])" zu der L. auricula gehörte und ganz mit Exemplaren von Grönland stimmte, sodass an der Selbständigkeit dieser Art kein Zweifel mehr sein kann.

3. Lucernaria octoradiata.

Taf. I. Fig. 1.

Lucernaria auricula *J. Rathke* in *O. F. Müller* Zoologia danica. Vol. IV. Havniae 1806. fol. p. 35—37. Tab. 152. Nach einem Exemplar von Vardöe.

Lucernaria auricula *Montagu* Description of several marine animals found at the South Coast of Devonshire in Transact. Linnean Society. Vol. IX. London 1808. 4. p. 113. (nicht Tafel, nur Text.)

---

1) Beretning om en i Sommeren 1850 foretagen zoologisk Reise i Lofoten og Finmarken in Nyt Magazin for Naturvidenskaberne. Bind VI. Christiania 1851. 8. p. 145.

Lucernaria octoradiata *Lamarck* Hist. nat. des Animaux sans vertèbres. II. Paris 1816. p. 474.

Lucernaria auricula *Sars* Bidrag til Södyrenes Naturhistorie. Bergen 1829. 8. p. 34. Tab. 4. Fig. 1—13.

Lucernaria auricula *Johnston* History of British Zoophytes. Edinburgh 1838. p. 229—231. Fig. 35 und 36.

Lucernaria auricula *Johnston* History of British Zoophytes. 2. ed. I. London 1847. p. 252. Fig. 57.

Lucernaria auricula *Milne-Edwards* Hist. nat. des Coralliaires. III. Paris 1860. p. 458. 459.

Lucernaria octoradiata *Steenstrup* in Videnskab. Meddelelser. Aar 1859. Kjöbenhavn 1860. 8. p. 108. 109.

Lucernaria octoradiata *Sars* Forhandl. i Videnskabs-Selskabet i Christiania. Aar 1860. Christiania 1861. 8. p. 145. 146.

Glocke ziemlich flach trichterförmig, mit acht gleichweit von einander abstehenden kurzen Armen. Zwischen den Armen am Rande die acht grossen Randpapillen. Stiel etwa so lang wie die Glocke hoch. Bis 30 mm. lang.

Diese Art ist bis jetzt gewöhnlich mit L. auricula Fabr. zusammengestellt, denn obwohl *Lamarck*, der diese Art benannte, die L. auricula Fabr. zur L. quadricornis Müll. rechnete, betrachteten die Späteren seine L. octoradiata als ein Synonym von L. auricula Fabr. Erst *Steenstrup* (a. a. O.) lichtete diese grosse Verwirrung.

Diese Art findet sich an der ganzen Küste Norwegens, Englands, der französischen Küste von la Manche, wo ich sie sehr häufig auf Zostera fand, an der Küste Hollands (*Maitland*[1]), und nach *Steenstrup* an der Küste von Süd-Grönland und den Farör-Inseln.

4. Lucernaria campanulata.
Taf. I. Fig. 4.

Lucernaria auricula *Montagu* Description of several marine Animals found at the South Coast of Devonshire, in Transact. Linnean Soc. IX. London 1808. Pl. VII. Fig. 5. (Nur die Abbildung, nicht der Text.)

Lucernaria campanulata *Lamouroux* Mémoire sur la Lucernaire campanulée, in Mémoires du Muséum d'histoire naturelle. II. Paris 1815. 4. p. 460—473. Pl. XVI.

Lucernaria octoradiata *Lamarck* Histoire naturelle des Animaux sans vertèbres. II. Paris 1816. p. 474.

Lucernaria convolvulus *Johnston* Loudon's Magazine of Natural History. Vol. VIII. London 1835. p. 59—61. c. fig.

Lucernaria campanulata *Johnston* History of brit. Zoophytes. Edinburgh 1838 p. 231. 232. Fig. 37.

Lucernaria campanulata *Johnston* History of brit. Zoophytes. 2. ed. I. London 1847. p. 248. Fig. 56.

Lucernaria auricula *Milne-Edwards* im Atlas der grossen Ausgabe von Cuvier's Règne animal. Zoophytes Pl. 63. Fig. 1ª. Paris 1849.

---

1) Descript. animal. Belgii septentrionalis. Leyden 1851. 8. p. 59. 60.

Lucernaria inauriculata *R. Owen* On Lucernaria inauriculata, in Reports of the Brit. Assoc. XIX held at Birmingham 1849. London 1850. Transact. of the Sect. p. 78. 79.

Lucernaria *Jules Haime* in *Milne-Edwards* Hist. natur. des Coralliaires. Atlas. Paris 1857. 8. Pl. A. 6.

Lucernaria campanulata *Milne-Edwards* Hist. nat. des Coralliaires. III. Paris 1860. p. 458.

Glocke ziemlich tief trichterförmig mit acht gleich weit von einander abstehenden langen Armen. Stiel kaum so lang wie die Glocke hoch und ohne Muskeln in seinem Innern. Bis 45 mm. lang.

Diese Art, obwohl schon von *Lamouroux* genau beschrieben, ist sehr vielfach mit der L. octoradiata verwechselt. *Montagu* beschreibt in seiner Abhandlung die L. octoradiata, bildet aber als zugehörig ein monströses (siebenarmiges) Exemplar der L. campanulata ab.

Diese Art scheint auf die Küsten des Canals und von Süd-England beschränkt. Ich fand sie häufig bei St. Vaast mit L. octoradiata, aber viel seltner wie diese, an Zostera.

5. Lucernaria cyathiformis.

Lucernaria cyathiformis *Sars* Fauna littoralis Norvegiae. 1. Heft. Christiania 1846. p. 26. 27. Tab. 3. Fig. 8—13.

Depastrum cyathiforme *P. H. Gosse* Synopsis of the british Actiniae, in Ann. and Mag. of Natural history [3]. I. 1858. p. 419. (Bezieht sich auf die folgende Art.)

Carduella cyathiformis *Allman* On the Structure of Lucernariadae, in Report 29. meet. of the Brit. Association etc. held at Aberdeen 1859. London 1860. p. 143. 144.

Carduella cyathiformis *Allman* On the structure of Carduella cyathiformis, in Transact. Microscop. Society. [N. S.] VIII. London 1860. p. 125—128. Pl.

Calicinaria cyathiformis *Milne-Edwards* Histoire naturelle des Coralliaires. III. Paris 1860. p. 459. 460.

Depastrum cyathiforme *P. H. Gosse* On the Lucernaria cyathiformis of Sars, in Ann. and Mag. of Natural history. [3.] V. 1860. p. 480. 481. c. fig.

Carduella cyathiformis *Allman* Note on Carduella cyathiformis, in Ann. and Mag. of Nat. history. [3.] VI. 1860. p. 40—42.

Lucernaria cyathiformis *Sars* in Forhandl. i Videnskabs-Selskabet i Christiania. Aar 1860. Christiania 1861. p. 146—147.

Glocke becherförmig mit erweitertem Rand. Rand kreisförmig, nicht in acht Arme getheilt, ganz, aber mit acht gleich weit von einander abstehenden Haufen von Tentakeln besetzt. Stiel so lang wie die Glocke hoch. Geschlechtsorgane paarweise zusammenliegend, den Rand der Scheibe nicht erreichend. Bis 15 mm. lang.

Aus dieser an der norwegischen und englischen Küste vorkommenden, von *Sars* entdeckten Art hat *Gosse* die Gattung Depastrum, *Allman* die Gattung Carduella, *Milne-Edwards* die Gattung Calicinaria bilden wollen, wir lassen sie hier wie *Sars* bei Lucernaria, da wir einen wesentlichen Unterschied von den übrigen Arten dieser Gattung in den vorhandenen Beschreibungen nicht finden können. Die folgende Art ist mit dieser sehr nahe verwandt.

6. Lucernaria stellifrons.

Depastrum cyathiforme *P. H. Gosse* Synopsis of the British Actiniae, in Ann. and Mag. of Nat. History. [3.] I. 1858. p. 419.

Depastrum stellifrons *P. H. Gosse* On the Lucernaria cyathiformis of Sars, in Ann. and Mag. of Nat. History. [3.] V. 1860. p. 480. 481. c. fig.

Depastrum stellifrons *Allman* Note on Carduella cyathiformis, in Ann. and Mag. of Nat. History. [3.] VI. 1860. p. 40—42.

Glocke becherförmig, oben unter der Mündung eingeschnürt. Rand achteckig; Arme fehlen, aber die Tentakeln stehen in acht gleich weit von einander abstehenden Haufen, zwischen den Ecken des Randes; Geschlechtsorgane bis zum Rande. Stiel so lang wie die Glocke. Einige mm. lang.

Diese Art fand *Gosse* an der englischen Küste, verwechselte sie aber mit der Luc. cyathiformis und bildete daraus seine Gattung Depastrum. Bald darauf trennte er davon die L. cyathiformis und nannte seine neue Art Depast. stellifrons und *Allman* hält die letztere für so verschieden, dass er aus ihr die Gattung Depastrum bilden will, im Gegensatz zur Carduella, für welche die Luc. cyathiformis der Typus sein soll.

Anmerkung 1. Ich erwähne hier, dass *Reay Greene* [1] die drei Arten von Lucernaria, L. quadricornis, octoradiata und campanulata in eine Art, die er Luc. typica nennt, zusammenziehen will, indem er eine Uebergangsform gefunden zu haben angiebt, welche diese drei Arten mit einander verbände. Es scheint mir, wie *Leuckart* [2], nicht unwahrscheinlich, dass diese Uebergangsform die L. auricula Fabr. ist, welche sich leicht und wesentlich von den andern Arten unterscheidet, an deren Selbständigkeit, wie es auch *Leuckart* und *Percival Wright* [3] im Gegensatz zu *Greene* annehmen, meiner Ansicht nach kein Zweifel sein kann.

Anmerkung 2. *Otho Fabricius* [4] beschreibt unter dem Namen Lucernaria phrygia ein Thier, das nach der Beschreibung mit Lucernaria wenig Aehnlichkeit hat und von dem er selbst a. a. O. p. 343 sagt: „De hujus genere etiamnum dubitans, pro tempore lucernariis associavi, in multis tamen hydris affinem,'' welches aber dennoch in vielen Schriften

----

1) On the Genus Lucernaria, in Natural History Review. Vol. V. London 1858. Proceed. of Societies. p. 131—134.

2) In seinem Jahresbericht über die Naturgeschichte der niederen Thiere für 1859, im Archiv für Naturgeschichte. 1860. II. p. 204. 205. (Auch separat Berlin 1861. 8. p. 102. 103.)

3) In einer Bemerkung zu *Greene's* Abhandlung a. a. O. p. 134.

4) Fauna groenlandica. Hafniae et Lipsiae 1780. 8. p 343. 344. Nr. 333.

als eine Lucernaria angeführt wird. *Blainville*[1]) allerdings bemerkt, dass
es zu Lucernaria nicht gehören könne, fügt aber hinzu, dass es auch gar
nicht zum Typus seiner Actinozoen zu rechnen sei und bildet daraus eine
neue Gattung Candelabrum, die er zu den Sipunkeln stellt.

Steenstrup, der, wie wir angeführt haben, aus den Manuscripten *O.
Fabricius*' zuerst dessen Lucernaria auricula wiedererkannte, weist auch
endlich der Lucernaria phrygia ihren richtigen Platz an. Sie ist in jenen
Manuscripten des *Fabricius* Band III, p. 68—70, welche sich in der Königlichen Bibliothek zu Kopenhagen befinden, genau beschrieben und ist
nach *Steenstrup*[2]) eine Colonie von Hydroidpolypen, die der Gattung
Acaulis *Stimpson*[3]) am meisten ähnlich sieht.

———————

II.
Ueber einige Quallen.
Taf. II. Fig. 1—14.

Die pelagische Fischerei an der Küste von St. Vaast lieferte überhaupt und besonders an Quallen eine nur geringe Ausbeute, von den
höheren, acraspeden, Medusen ist mir gar keine zu Gesicht gekommen
und auch von den niederen, craspedoten, wurden nur wenige gefangen;
einige davon erschienen mir aber neu und von bemerkenswerthem Bau,
so dass ich sie kurz beschreibe.

1. Oceania polycirrha sp. n.
Taf. II. Fig. 11. 12. 13.

Dies ist eine der häufigeren Quallen von St. Vaast und durch ihren
röthlichen Magen und die zarten, meistens aufrecht getragenen Tentakeln
erkannte man sie leicht im pelagischen Auftrieb.

Die Glocke ist hoch und cylindrisch und trägt im Innern den dicken
kolbigen Magen, der sie oben fast ausfüllt und unten fast bis zum Velum
herabreicht. Oben ist die Magenwand sehr dick und besteht aus grossen
klaren Zellen, die den Anblick eines Maschenwerks bieten, nach unten
verschmälert sich der Magen allmählich und endet endlich mit einem vier-
lappigen Mund, dessen Saum mit knopfförmig hervorstehenden Haufen
von Nesselkapseln besetzt ist. Der untere, dünnwandigere Theil des Ma-

1) Article Zoophytes im Dictionn. des Sciences naturelles. Tom. 60. Paris 1830.
p. 284.
2) In Videnskabige Meddelelser for Aaret 1859. Kjöbenhavn 1860. a. a. O. p. 109.
3) Synopsis of the marine Invertebrata of Grand Manan (Bay of Fundy). p. 10. 11.
Pl. I. Fig. 4., in Smithsonian Contributions to Knowledge. Vol. VI. Washington 1854. 4.

gens ist dunkelroth gefärbt und enthält entsprechend den vier Mundlappen in vier Reihen die Geschlechtsproducte.

Aus dem Grunde des Magens entspringen vier Radiärcanäle, die sich am Glockenrande in den Ringcanal einsenken, an welchem die 48 zarten Tentakeln befestigt sind. Diese entspringen mit einer kolbigen oder zungenförmigen Basis, deren Mitte röthlich pigmentirt ist und oben einen schön rothen Ocellus trägt, von dem ich es nicht habe ausmachen können, ob er eine Linse enthält oder nicht. Von dieser Basis erhebt sich der zarte Tentakel, der von regelmässig fächrigem Bau ist und in jeder zelligen Abtheilung eine in der Längsrichtung stehende Muskelzelle enthält. Die kolbenförmige Basis enthält in ihrer dicken Wand ebenso wie der Tentakel zahlreiche ovale Nesselkapseln und ihr Lumen ist durch ein maschiges Zellenwerk ausgefüllt.

Die Tentakeln werden gewöhnlich wie bei Lizzia aufrecht getragen, sodass sie wie Haare um die Glocke herumstehen, und ihre Enden sind häufig spiralig aufgerollt. Die kolbenförmige Basis scheint stets aufrecht zu stehen und nur in dieser Stellung sieht ihr Ocellus nach aussen, der sich also eigentlich an der Innenseite des Tentakels befindet.

Diese niedliche Meduse war 2 bis 4 mm. hoch und ich beobachtete sowohl reife Weibchen wie Männchen.

2. Sarsia clavata sp. n.
Taf. II. Fig. 1. 2.

Diese Sarsia entwickelt an ihrem Magenstiel zahlreiche Knospen, wie die von Ed. Forbes[1]) beschriebene S. gemmifera, unterscheidet sich von dieser aber leicht durch ihre langen Tentakeln und den langen Magenstiel, der die Glocke weit überragt und an seinem Ende weit ausserhalb der Glocke den kolbigen Magen trägt.

Die Glocke hat fast die Form einer Halbkugel, ist dünnwandig und trägt nur ein schmales Velum. Den vier Radiärcanälen gegenüber entspringen am Rande die vier langen dünnen Tentakeln, mit einer angeschwollenen Basis. Diese Basis ist bräunlich pigmentirt und trägt an ihrem Ende auf der Aussenseite einen carmoisinrothen Ocellus, ohne Linse. Die Tentakeln sind von unregelmässig fächrigem Bau und tragen ovale Nesselkapseln in regelmässig von einander abstehenden und knotenartig hervorstehenden Haufen; ihr Ende ist kugelig angeschwollen und ganz mit Nesselkapseln gefüllt.

Von dem Grunde der Glocke, wo sich oft in der Gallertmasse, als eine embryonale Bildung, ein kleiner Sinus befindet, entspringt der cylindrische, einfach röhrige Magenstiel, der gewöhnlich doppelt so lang, wie die Glocke hoch ist; an seinem Ende sitzt der kolbig erweiterte Magen,

---

1) A Monograph of the British naked-eyed Medusae, with figures of all the species. London 1848, printed for the Ray Society. p. 57. 58. Pl. VII. Fig. 2.

der je nach seinem Contractionszustand verschiedene Gestalten von Ku-
gelform bis zur Cylinderform annehmen kann. Die Mundöffnung ist einfach rund, nicht mit Lappen besetzt; ihr Saum mit ovalen Nesselkapseln
gefüllt. Einige Male schien es, als ob sich in der Wand des Magens Geschlechtsproducte bildeten, doch waren diese stets so unausgebildet, dass
man sie nicht mit Sicherheit erkennen konnte.

An dem cylindrischen Magenstiel entwickelten sich bei allen Exemplaren, die ich sah, durch Knospung junge Quallen und wenn diese recht
entwickelt waren, überragte der Magen die Glocke um ihre dreifache
Höhe und die Glocke konnte nur mühselig diese unverhältnissmässige
Magenmasse fortbewegen. Ich habe nie mehr wie drei Knospen am Magenstiel gesehen, von denen die oberste die ausgebildetste war und schon
vier Tentakeln mit Ocellen trug. Die Entwicklung der Knospen ging auf
ganz typische Weise[1]) aus den zwei Bildungshäuten der Wand des Magenstiels vor sich.

Die Glocke hatte 1,2—2,0 mm. Durchmesser, der Magen mit seinem
Stiel war 3—4 mm. lang.

Nicht selten bei St. Vaast.

3. Eucope gemmigera sp. n.
Taf. II. Fig. 9. 10.

Die 2,5 mm. grosse Glocke hat Paukenform, vier Radiärcanäle, 16
Tentakeln und 16 Randbläschen. Von ihrem Grunde hängt der kurze
flaschenförmige Magen herab mit vierlappigem Munde. In der Mitte der
Radiärcanäle sitzen als ovale Aussackungen die Geschlechtsorgane, von
denen gewöhnlich nur drei entwickelt waren, während das vierte nur
eine rudimentäre Bildung hatte; sehr schön konnte man in solchem Ovarium sehen, wie schon das kleinste Ei eine völlige Zelle ist. Die Tentakeln entspringen mit einer bulbusartigen Anschwellung, sind nicht viel
länger als die Glocke im Durchmesser und sind einfache Röhren; in ihrer
Wand liegen zahlreiche ovale Nesselkapseln. Die 16 Randbläschen, die
stets in der Mitte zwischen zwei Tentakeln stehen, haben den gewöhnlichen Bau in der Gattung Eucope; ihr Otolith ist gelblich, von Fettglanz.

Diese Qualle, deren grösste Exemplare 3 mm. im Durchmesser
massen, ist sehr häufig bei St. Vaast und ich habe sie in sehr verschiedenen Entwicklungszuständen beobachtet: so mit 8 ganz kurzen Tentakeln, mit 8 langen Tentakeln, mit 8 langen und dazwischen 8 kurzen
Tentakeln, bis endlich alle 16 Tentakel gleiche Länge erreicht hatten und
zwischen je zwei sich ein Randbläschen befand.

Bei einer vollständig ausgebildeten Qualle dieser Art, mit reifen
Ovarien, befand sich im Grunde der Glocke, ich habe nicht genau notirt,

---

1) Siehe *Keferstein* und *Ehlers* Zoologische Beiträge. Leipzig 1861. 4. p. 5 u. 14.
Taf. I. Fig. 1—5 und Fig. 24. 25.

an welcher Stelle, ob am Magen oder den Radiärcanälen, eine bräunliche, mit langen Cilien besetzte Quallenknospe, die sich auf ganz regelmässige Weise aus den beiden Bildungshäuten des Mutterthiers bildete.

Mit keiner bisher beschriebenen Eucope ist diese Art zu verwechseln.

4. Siphonorhynchus[1]) insignis gen. et sp. n.

Taf. II. Fig. 3—8.

Diese neue Art, die zugleich eine neue Gattung bilden muss, hat im Ganzen das Aussehen einer Sarsia, durch ihre vier Radiärcanäle, vier Tentakeln und den langen Magenstiel, der in seiner Wand die Geschlechtsproducte bildet; sie unterscheidet sich aber generisch leicht von dieser Gattung dadurch, dass sie Randbläschen, keine Ocellen, besitzt und besonders durch den Bau des Magenstiels, der wie bei Geryonia eine zapfenartige Verlängerung der Gallertmasse der Glocke ist, an der die vier Radiärcanäle herablaufen und sich erst am Ende dieses Zapfens in den Magen einsenken.

Die Charaktere der Gattung Siphonorhynchus würden sein: Magen auf einer zapfenartigen Verlängerung der Gallertsubstanz, an der die Radiärcanäle zum Magen herablaufen; Randbläschen; Geschlechtsproducte in der Wand des Magenstiels. — Die beiden ersten Kennzeichen unterscheiden die Gattung leicht von Sarsia, das dritte dagegen von der ganzen Familie der Geryonida, bei der die Geschlechtsproducte in Aussackungen der Radiärcanäle sich bilden und diese Gattung legt den Grund zur Aufstellung einer neuen Familie der craspedoten Quallen.

Die Radiärcanäle biegen im Grunde der halbkugeligen Glocke plötzlich nach unten um und senken sich in den Magenstiel ein, in welchem man sie nur gut verfolgen kann, wenn die Geschlechtsproducte in seiner Wand nicht ausgebildet sind. Man sieht sie dann, durch die Cilien in ihrem Innern leicht kenntlich, recht regelmässig an dem Gallertzapfen des Magenstiels herablaufen und sich an dessen Ende in den Magen öffnen. Aussen auf dem Magenstiel laufen vier Streifen von ovalen, 0,015 —0,018 mm. grossen Nesselkapseln entlang. — Der Magen ist flaschenförmig, mit dünnem Halse und in vier lange Lappen getheiltem Munde, dessen Saum mit ovalen Nesselkapseln besetzt ist.

Die vier Tentakel sind einfach röhrig und etwa doppelt so lang, wie der Durchmesser der Glocke. — Am Rande des Ringgefässes sitzen die acht Randbläschen, von denen je zwei regelmässig in dem Zwischenraum zwischen zwei Tentakeln stehen. Es sind das einfache, wenig vorragende Aushöhlungen in der äusseren Wand des Ringgefässes, die in ihrem Innern einige rundliche, glänzende Otolithen, aus organischer Substanz, enthalten. Bisweilen fanden sich auch nur vier Randbläschen.

Der ganze Umfang des Ringgefässes ist besetzt mit kleinen tentakel-

---

1) σίφων Röhre, ῥύγχος Rüssel.

artigen Zotten, die ebenso wie die vier grossen Tentakeln eine Fortsetzung des Ringgefässes enthalten und sehr verschieden in ihrer Grösse
und Ausbildung sind; die grössten sind meistens spiralig aufgerollt.
Ausser diesen kleinen Tentakelzotten sitzen am Ringgefäss, in ziemlich
regelmässiger Vertheilung, stumpfe kurze Verdickungen seiner äusseren
Haut.

Die Geschlechtsproducte bilden sich in der äusseren Wand des Magenstiels und man kann hier deutlich sehen, dass ihre Entwicklung in
der äusseren Bildungshaut vor sich geht. Die Samenfäden sind steckna-
delförmig, mit 0,0037 mm. grossem kugeligen Kopfe und von den Eiern
zeigte sich schon das kleinste als eine vollkommene Zelle.

Die grössten Exemplare dieser bei St. Vaast nicht seltenen Qualle
hatten eine Glocke von 7 mm. Durchmesser; der Magen mit seinem Stiel
war dann 10 bis 14 mm. lang.

5. Geschlechtsorgane von Rhizostoma Cuvierii Lam.

Taf. II. Fig. 14.

Indem ich, wie schon angeführt, in St. Vaast keine der höheren
Quallen zu Gesicht bekam, benutzte ich einen kurzen Aufenthalt in Ostende, um die dort so häufige Rhizostoma Cuvierii, die bei jeder Ebbe in
zahlreichen Exemplaren auf dem sandigen Strande liegen bleibt, zu untersuchen.

Wenn auch die Uebereinstimmung im Bau zwischen den höheren
und niederen (craspedoten) Quallen in vielen wesentlichen Puncten hinreichend dargethan ist, so schienen mir die Geschlechtstheile der höheren Quallen nach den vorhandenen Beschreibungen [1] von denen der niederen, wo sie entweder in der Wand des Magens oder des Gastrovascularsystems liegen, in vieler Beziehung abzuweichen. Ich habe desshalb
die Rhizostoma in dieser Hinsicht untersucht, während mir zur mikroskopischen Beobachtung ihres Gallertgewebes, die ich ebenfalls anzustellen sehr wünschte, leider keine Musse blieb.

Was die Geschlechtsorgane betrifft, so zeigten sie sich ebenso in der
Wand des Magens, wie es z. B. von der Familie der Oceaniden bekannt
ist, und der wesentliche Unterschied liegt nur darin, dass bei Rhizostoma
zwischen den vier Geschlechtsorganen die Magenwand durch Gallertmasse verdickt ist, während bei den craspedoten Medusen diese Masse
in der Magenwand stets fast ganz zurücktritt. Daher kommt es, dass bei
den acraspeden Medusen die Geschlechtsorgane in Einsenkungen (Geschlechtshöhlen, Athemhöhlen) liegen, während sie bei den Oceaniden
häufig im Gegensatz Wülste auf der Magenwand bilden.

---

1) Siehe u. A. *F. W. Eysenhardt* Zur Anatomie und Naturgeschichte der Quallen.
I. Von dem Rhizostoma Cuvierii Lam. Nov. Act. Ac. Leop. Carol. Tom. X. Bonnae
1821. p. 377   410. Tab. 34.

Man sieht die Verhältnisse sehr klar, wenn man bei Rhizostoma einen Querschnitt durch die Magenwand in der Höhe der Geschlechtshöhlen macht (Taf. II, Fig. 14), hier sind vier Arme von Gallertmasse *g* durchschnitten und zwischen diesen vier faltige Häute *h*, die Wand der Geschlechtshöhlen. Man bemerkt an den Gallertarmen sofort, dass sie aussen von der äusseren Bildungshaut *a*, innen von der inneren Bildungshaut *i* überzogen sind, die beide in dem häutigen Theil *h* unmittelbar aneinander liegen und dort, wie es scheint, in Verdickungen und Anhängen der äusseren Bildungshaut *a*, die Geschlechtsproducte entwickeln.

So ist also auch der Bau der Geschlechtsorgane der acraspeden Medusen auf den weniger complicirten der craspedoten Medusen zurückgeführt und gezeigt, dass auf ganz typische Weise die Geschlechtsproducte hier in die Magenwand, wie bei Rhizostoma, oder etwas höher hinauf in die Wand des Anfangs des Gastrovascularsystems, wie es auch vorzukommen scheint, eingelagert sind, und es verwischen sich so die Unterschiede immer mehr, durch die man früher diese beiden Gruppen von Quallen von einander trennte.

III.
Ueber Xanthiopus, eine neue Gattung fussloser Actinien.
Taf. II. Fig. 15—22.

In den feinen Spalten des gneissartigen Granits fand ich am tiefen Ebbestrande von St. Vaast la Hougue einige Male eine merkwürdige fusslose Actinie (Taf. II, Fig. 15), meistens mit kleinen Exemplaren der durch *Quatrefages'* Untersuchungen so bekannten Synapta Duvernaea zusammen. Es waren dies etwa 40 mm. lange, 8 mm. breite cylindrische Körper von einem schleimartigen Ansehen, so dass die Eingeweide wie durch einen dichten Schleier durchschimmerten; das eine Ende trug einen Kranz von Tentakeln, das andere endete abgerundet. Beim Herausnehmen aus der Steinspalte, wobei das Thier sich sehr zusammenzog, bemerkte man sofort, dass es dem Stein wie eine Klette oder wie angeklebt anhaftete, und nachdem ich das Thier in ein Glasschälchen mit Wasser gethan und es sich wieder völlig ausgedehnt hatte, zeigte es sich, dass es mit unzähligen kleinen Höckerchen dem Glase anhaftete. Im ersten Augenblick hielt ich das Thier für eine Holothurien-Art, die mit ihren Füsschen sich festhielt.

Bei der Untersuchung fand sich aber bald, dass diese scheinbaren Füsschen nur Verlängerungen der äusseren Haut waren und dass das Thier die Organisation der Polypen, Actinien, hatte. Ich hielt diese fusslose Actinie für eine Edwardsia und verwandte wenig Zeit auf ihre Un-

tersuchung, da über diese Gattung schon eine ausführliche Arbeit ihres
Entdeckers *Quatrefages*[1]) vorlag.

Als ich nach der Rückkehr die Literatur vergleichen konnte, ergab
sich, dass bei keiner der bisher von zahlreichen Forschern, wie *Quatre-*
fages, Forbes, Gosse, Lütken u. s. w., beschriebenen Arten von Edwardsia jene Füsschen ähnliche Höcker der Haut vorkommen, die bei meinem
Thier sofort in die Augen fallen und dass dieses desshalb wahrscheinlich
eine neue Gattung dieser freien Actinien, welche ich mir Xanthiopus zu
nennen erlaube, bilden wird.

Die Gattung Xanthiopus gehört mit Iluanthus *Forbes*, Edwardsia
Quatrefages, Sphenopus *Steenstrup*, Peachia *Gosse* zu jenen merkwürdigen fusslosen Actinien, die *Milne-Edwards*[2]) als vierte Section Actinines
pivotantes seiner Unterfamilie Actininae zusammenfasst. Sie gleicht am
meisten der Edwardsia und zeigt namentlich wie diese im ausgestreckten
Zustande drei Körperabschnitte, von denen der mittelste der längste ist
und die am wenigsten durchscheinende Haut hat, durch welche die oran-
gengelben Geschlechtstheile wie Längsstränge nur matt durchschimmern,
von denen der vordere und hintere sehr durchscheinend sind, der
hintere sich stark ausdehnen kann und dann wie eine mit klarer Flüssigkeit gefüllte dünnhäutige Blase aussieht. Entsprechend den zwölf Tentakeln laufen auf dem Körper zwölf Streifen entlang, die in der vorderen
Abtheilung am deutlichsten sind, über den durchschimmernden Geschlechtstheilen fast verschwinden und in der hinteren Abtheilung von
feinen, nach dem Hinterende zu zusammenlaufenden Linien ersetzt werden. Diese Streifen werden die Septa der Körperhöhle andeuten, welche
in der hinteren Abtheilung fast ganz geschwunden sind, so dass diese
wie ein blasenartiger Anhang am Körper erscheint.

Das Vorderende ist gerade abgestutzt und von einem Kranz von
zwölf hohlen und zugespitzten Tentakeln umstellt. In der Mitte der
Scheibe, an deren Rand die Tentakeln ansitzen, befindet sich der Mund,
der wie bei allen Actinien nicht rund ist, sondern durch seine ovale Form
eine Annäherung an den bilateralen Typus bei diesen Radiaten andeutet
(Taf. II, Fig. 16). Hier kann man die Form des Mundes am besten mit
einer 8 vergleichen, indem in der Mitte der langen Seite des Ovals sich
jederseits ein Vorsprung befindet.

Nach der Ausbildung der Tentakeln muss ich die von mir gefundenen wenig zahlreichen Exemplare vorläufig wenigstens in zwei Arten
sondern. Bei der ersten, von der ich nur ein etwa 40 mm. langes Exemplar erhielt, Xanthiopus bilateralis (Taf. II, Fig. 22), sind die 12 Tentakeln nicht gleich gebildet, sondern die beiden, welche in der Richtung

1) Mémoire sur les Edwardsies (Edwardsia Nob.), nouveau genre de la famille
des Actinies. Ann. des Scienc. nat. [2.] XVIII. Zoologie. Paris 1842. p. 65—109.
Pl. 1 et 2.

2) Histoire naturelle des Coralliaires. I. Paris 1857. 8. p. 283.

der langen Seiten des Mundovals stehen, sind ungefärbt und sind am Rande der Mundscheibe nicht abgesetzt, sondern verlaufen ganz allmählich bis zur schmalen Seite der Mundöffnung. Die übrigen zehn Tentakeln dagegen, die den breiten Seiten des Mundes entsprechen, sind mit zwei gelben Querbinden und an der Basis meistens jederseits mit einem gelben Fleck versehen, zeigen sich dort auch mit einem rundlichen Vorsprung deutlich abgesetzt, obwohl sie auch wie ein niedriger dreieckiger Höcker sich bis zur Mundöffnung fortsetzen.

Bei der zweiten bis 20 mm. langen Art, von der ich mehrere Exemplare fand, Xanthiopus vittatus (Taf. II, Fig. 15), sind alle Tentakeln gleich gebildet, also der bilaterale Typus nicht so hervortretend, sind stumpfer als bei der ersten Art und zeigen vier gelbe Querbinden. Auf der Mundscheibe ziehen keine radialen Wülste von den Tentakelansätzen zum Munde und dieser ist von einem etwas erhobenen gelben Ring umgeben.

Die äussere Haut (Taf. II, Fig. 19), welche also diese Gattung besonders auszeichnet, besteht aus einem maschigen contractilen Gewebe, das fast so aussieht, wie das maschige Gewebe des Herzbeutelorgans der Pteropoden, und zeigt an den faserigen Balken zahlreiche längliche Kerne. Diese maschige Haut bildet, wenn das Thier contrahirt ist, eine dicke Lage über der Schicht von Ring- und Längsmuskeln und sie ist es, die sich in die fussartigen Fortsätze verlängern und sich damit sehr festheften kann. Wenn man einen solchen Fortsatz mit einer starken Lupe betrachtete, so zeigte er sich meistens wie eine dreieckige dünne Platte, die mit ihrer abgestumpften und in feine Fädchen zerrissenen Spitze sich festhielt und aus feinen Fasern zu bestehen schien, die wahrscheinlich die stark ausgezogenen Maschen bildeten.

An der ganzen Oberfläche des Körpers konnten diese Haftfortsätze gebildet werden, am stärksten schienen sie aber im hinteren Theile zu sein und wenn das Thier ganz zusammengezogen aufrecht im Glase sass (Taf. II, Fig. 17), so schickte es an seinem hinteren Theile unzählige solche Fortsätze aus, die es wie Wurzeln befestigten. In der äusseren Haut liegen viele säbelförmige 0,008 mm. grosse Nesselkapseln.

Vom Munde aus hängt der cylindrische Magen frei in die Körperhöhle hinein, wo er sich am Anfang der Geschlechtsstränge öffnet. Vorn ist er durch radiale Scheidewände befestigt, nach hinten aber werden diese immer schmäler und in der hinteren blasenartigen Abtheilung des Körpers scheinen sie ganz zu fehlen.

Aussen zeigt der Körper zwölf Längsstreifen, die den Scheidewänden entsprechen werden, und in der mittleren Abtheilung schimmern zwölf wulstartige orangengelbe Geschlechtsorgane durch, welche an den freien Rändern der Scheidewände befestigt waren, sodass in dieser Anordnung unser Thier mehr den Octactinien, wie den Actinien gleicht.

Alle Exemplare, welche ich darauf untersuchte, waren Männchen und die Geschlechtsorgane bildeten einen vielfach ausgesackten, Dickdarm-ähnlichen gelben Schlauch, an dem an einer Seite ein weisser Streifen als Ausführungsgang entlang lief. Die Zoospermien haben einen kegelförmigen, etwas gebogenen Kopf. (Taf. II, Fig. 21.)

Xanthiopus[1]) gen. nov.

Fusslose Actinie. Körper langgestreckt, cylindrisch in drei Abtheilungen, von denen die mittlere am wenigsten durchscheinend ist, die hintere wie eine rundliche klare Blase erscheint. Die äussere Haut kann überall kleine fussartige Fortsätze bilden und sich damit anheften.

In den feinen Spalten der Granitfelsen am tiefen Ebbestrande bei St. Vaast la Hougue.

Xanthiopus bilateralis sp. n.
Taf. II. Fig. 22.

Die beiden den schmalen Seiten des Mundes entsprechenden Tentakeln sind anders gebildet und ohne Querbinden, wie die zehn übrigen, welche jeder zwei gelbe Querbinden trägt. Alle Tentakeln sind auf der Mundscheibe als dreieckige Wülste bis zur Mundöffnung fortgesetzt. Bis 40 mm. lang.

Xanthiopus vittatus sp. n.
Taf. II. Fig. 15.

Alle zwölf Tentakeln sind gleich gebildet, auf der Mundscheibe nicht bis zum Munde fortlaufend und mit vier gelben Querbinden versehen. Mund in der Mitte eines kleinen kegelförmig erhobenen gelben Ringes. Bis 20 mm. lang.

IV.

Ueber Rhabdomolgus[2]) ruber gen. et sp. n., eine neue Holothurie.
Taf XI. Fig. 30.

Diese bemerkenswerthe Holothurie fischte ich pelagisch bei St. Vaast. Wahrscheinlich war sie durch Sturm vom Boden aufgehoben, denn Schwimmwerkzeuge bemerkte ich an ihr nicht.

Das 10 mm. lange Thier hat einen schlauchförmigen Körper, in dessen Haut überall carmoisinrothes Pigment in vielfach verzweigten Zellen abgelagert ist, so dass der Körper ganz roth erscheint und nur wenig die inneren Organe durchblicken lässt. Der ganzen Länge nach verlaufen

----

1) ξάνθιον Klette, πούς Fuss.
2) ῥάβδος Streif, μολγός Schlauch.

am Körper in regelmässiger Vertheilung fünf fast pigmentlose Streifen, in denen aber wie bei Synapta von Füsschen nichts zu entdecken ist.

Vorn ist die Körperöffnung von zehn ziemlich langen, an den Seiten gelappten Tentakeln umgeben und in der Mitte zwischen denselben liegt der Mund; von diesem geht der cylindrische gelbliche Darm *d* aus, der im hinteren Theil einige Schlängelungen macht und im Hinterende in einem weiten After ausmündet.

An der Basis der Tentakeln ist der Mund von einem Ringe *a*, der aus dicht gedrängten rundlichen Concretionen von kohlensaurem Kalk besteht, einem Kalkringe, umgeben und an einer Seite liegen nicht weit von einander zwei kleine runde häutige Blasen *b* mit Kalkconcretionen, welche ich für O t o l i t h e n b l a s e n halten möchte. Nahe diesen Blasen scheint mit dem Kalkring ein durchsichtiger, sich etwas neben dem Oesophagus entlang erstreckender Schlauch *c*, die P o l i s c h e Blase, in Verbindung zu stehen. Nervensystem und Wassergefässsystem konnte ich nicht entdecken, wahrscheinlich wegen des vielen Pigments, das überall die Haut undurchsichtig machte.

Fast durch zwei Drittel der Körperlänge liegt neben dem Darm ein Schlauch *oo*, der ganz mit grossen und kleinen Eiern gefüllt ist und den man desshalb für den E i e r s t o c k halten muss, obwohl ich einen Ausführungsgang nicht auffand.

Leider habe ich von diesem merkwürdigen Thiere nur ein Exemplar erhalten und muss mich desshalb auf diese wenigen unvollständigen Angaben beschränken.

V.

Beiträge zur Kenntniss der Gattung Phascolosoma F. S. Leuck.
Taf. III und IV.

Die Gattung Phascolosoma erregte meine Aufmerksamkeit, nachdem ich mich, in Gemeinschaft mit meinem Freunde Dr. *E. Ehlers*, in Neapel mit der Anatomie der nächstverwandten Gattung Sipunculus beschäftigt hatte[1]) und ich begann auf das Studium der Anatomie dieses Thiers einige Zeit zu verwenden, als unser Museum durch die Güte des Herrn Professors *Steenstrup* in Kopenhagen einen Zuwachs von Gephyreen erhielt, von denen Dr. *Ehlers* die zahlreichen Exemplare des Priapulus zum Gegenstand einer ausführlichen Arbeit[2]) wählte, während ich zwei Species von

---

1) *Keferstein* und *Ehlers*, Zoologische Beiträge, gesammelt im Winter 1859/60 in Neapel und Messina. Leipzig 1861. 4. II. Untersuchungen über die Anatomie des Sipunculus nudus. p. 35—52. Taf. VI. VII. VIII.

2) *E. Ehlers*, Ueber die Gattung Priapulus Lam. Ein Beitrag zur Kenntniss der Gephyreen. in der Zeitschr. f. wiss. Zoologie. XI. 1861. p. 205—252. Taf. XX. XXI. Auch als Dissert. med. Gotting. erschienen. Leipzig 1861. 8.

Phascolosoma aus Westindien, die zur Untersuchung sehr wohl erhalten schienen, besonders zur Vergleichung in der Anatomie mit Sipunculus, zurückbehielt. Es zeigten sich jedoch bei der Untersuchung dieser Spiritusexemplare einige weiter unten näher anzugebende Schwierigkeiten und es musste mir desshalb sehr erwünscht sein, bei einem Aufenthalte in St. Vaast la Hougue an der Küste des Départements la Manche drei Arten der Gattung Phascolosoma lebend untersuchen zu können, welche über manche dieser Schwierigkeiten glücklich hinweghalfen. Zu der Vergleichung mit diesen Arten zog ich noch das Phasc. granulatum aus dem Mittelmeere, wozu ich das Material theilweise dem Herrn Professor *Grube* in Breslau verdanke, und das Phasc. laeve aus Sicilien, welches ich im hiesigen Museum vorfand, herbei.

Die Gattung Phascolosoma ist zuerst von *Fr. Sig. Leuckart*[1]) aufgestellt[2]) und sie unterscheidet sich von der nächst verwandten Gattung Sipunculus dadurch, dass, während bei letzterer die äussere Haut längsgerippt und durch regelmässige Ringfurchen wieder quergerippt ist und so einen netzförmigen Anblick gewährt, die Haut von Phascolosoma nicht netzförmig, sondern in dieser Hinsicht glatt erscheint, wenn sie auch sonst durch verschieden ausgebildete Papillen rauh sein kann. Dieser Unterschied im Ansehen der äusseren Haut hat seinen Grund in der Beschaffenheit der subcutanen Muskulatur, denn bei Sipunculus besteht diese aus einer inneren Schicht von parallel laufenden und ganz von einander gesonderten Strängen von Längsmuskeln und einer äusseren Schicht ebenso von einander gesonderter Stränge von Ringmuskeln, durch deren Kreuzung regelmässige rechtwinklige Maschen entstehen, welche die äussere Haut abformt, während bei Phascolosoma, wo diese beiden Muskelschichten allerdings auch existiren, in beiden aber die Muskelfasern nicht in regelmässigen Strängen zusammen gruppirt, sondern ziemlich gleichmässig vertheilt sind. Zu diesem zuerst von *Leuckart* aufgefassten Unterschied beider Gephyreengattungen kommt noch ein anderer, zuerst, wie es scheint, von *Diesing* angegebener, welcher sich in den den Mund umstellenden Tentakeln ausspricht: bei Sipunculus sind diese Ten-

---

1) *Fr. Sig. Leuckart*, Breves animalium quorundam maxima ex parte marinorum Descriptiones. Commentatio gratulatoria S. Th. *Sömmering* sacra. Heidelborgae 1828. 4. Hier heisst es p. 22. Phascolosoma nov. gen. Fig. 5. Corpore elongato, antice tenuiore, terete postice sacculiformi, in fine non aperto, laevigato vel granulato non annulato-reticulato; apertura oris orbiculari simplice. Anus ut in Sipunculo situs, vix conspicuus.

2) *Jens Rathke* in Jagltagelser henhörende til Indvoldeormenes og Blöddyrenes Naturhistorie (Skrivter af Naturhistorie-Selskabet. 5. Bind, 1. Hefte. Kiöbenhavn 1799. p. 124. 125. Tab. III. Fig. 17. a. b.) beschreibt zuerst ein Phascolosoma aus der Nordsee, das in leeren Schneckenschaalen wohnt und an dem er sehr richtig die einfachen fadenförmigen Tentakeln bemerkt. Der Rüssel ist etwa doppelt so lang, als der Körper und man kann diese Art, welche *J. Rathke* nicht zu Sipunculus stellen mochte, da man damals dessen Tentakelkranz nicht kannte, mit *H. Rathke* und *Diesing* zu Phasc. capitatum rechnen.

takeln nämlich am Rande verschiedenartig gelappt oder zerschnitten, während sie bei Phascolosoma ganzrandig sind, sonst jedoch entweder cylindrisch oder blattartig ausgebreitet sein können. Endlich ist noch ein Unterschied zwischen beiden Gattungen, den *Joh. Müller*[1]) hervorhob, zu erwähnen, der in der Ansatzstelle der Retractoren des Rüssels liegt, denn bei Sipunculus befindet sich diese stets weit vorn, bei Phascolosoma dagegen mehr hinten und oft ganz im Hinterende; aber dieses Merkmal ist nicht durchgreifend und bei einigen Phascolosoma-Arten setzen sich die Retractoren in der vorderen Hälfte des Thiers an.

Es sind im Laufe der Zeit eine ganze Anzahl von Arten unserer Gattung Phascolosoma beschrieben und von *Diesing*[2]) sehr sorgfältig zusammengestellt, von denen mehrere jedoch kaum zu erkennen sein möchten, denn bei der im Allgemeinen so charakterlosen Form muss man auf mehrere Feinheiten im äusseren Bau achten, ohne die man kaum erkennbare Beschreibungen liefern kann und auf die man erst neuerdings aufmerksam geworden ist. Zu diesen feineren Kennzeichen gehören in erster Linie die Ringe von kleinen Häkchen, welche bei einigen Arten am Vordertheile des Rüssels stehen und auf welche zuerst von *Grube*[3]) aufmerksam gemacht ist: nach ihrem Vorkommen oder Fehlen kann man die Gattung Phascolosoma in zwei Sectionen theilen, species armatae und species inermes, obwohl ich bisher eine dem Vorkommen dieser Häkchen parallel gehende Veränderung im inneren Bau nicht bemerkt habe, vielleicht ihm aber ein Unterschied in der Lebensweise entsprechen mag. Ferner muss auf die Tentakeln in Anordnung, Form und Zahl genau geachtet werden und auch manche Verhältnisse aus dem inneren Bau, wie z. B. die Ansatzstelle der Retractoren des Rüssels, darf man bei der Charakterisirung dieser äusserlich so wenig Kennzeichen bietenden Thiere nicht übergehen.

Ueber die Anatomie von Phascolosoma liegen bisher nur sehr unvollkommene Angaben vor; die besten lieferte noch *Grube*[4]), während die anatomischen Abbildungen von Phasc. rubens und lima, welche *Costa*[5]) gab, durchaus unklar sind und O. *Schmidt's*[6]) Darstellung der Anatomie von Phasc. granulatum mir leider ganz unbekannt geblieben ist.

Die allgemeine Körperform von Phascolosoma ist im Ganzen wie die

1) Ueber einen neuen Wurm Sipunculus (Phascolosoma) scutatus. Archiv für Naturgeschichte. 1844. I. p. 167.

2) *Diesing*, Systema Helminthum. Vindobonae 1851. Tom. II. p. 63—67, und dessen Revision der Rhyngodeen in den Sitzungsberichten der Akademie in Wien. Math.-naturwiss. Classe. Bd. 37. 3. October 1859. p. 758—765.

3) *Grube*, Actinien, Echinodermen und Würmer des Adriatischen und Mittelmeers nach eigenen Sammlungen beschrieben. Königsberg 1840. 4. p. 45.

4) a. a. O. p. 44. 45.

5) *Costa*, Fauna del Regno di Napoli. Napoli. 4. Echinodermi apodi. p. 6—14. Tav. 1. Fig. 1—8. (Bogen vom 4. October 1889.)

6) Atlas der vergleichenden Anatomie. Jena 1852. 4. Taf. VII. Fig. 5.

von Sipunculus und wie dort kann man auch hier einen Körper von einem in ihn hinein stülpbaren Rüssel unterscheiden. Das Hinterende von Sipunculus grenzt sich stets als eine sogenannte Eichel vom Körper ab, bei Phascolosoma aber kann man solchen Endtheil nicht unterscheiden. Bei letzterer Gattung beginnt der Rüssel meistens gleich über dem After und in unserer Beschreibung wollen wir den Theil vor dem After als Rüssel, den hinter demselben als Körper bezeichnen.

1. Die untersuchten Arten.

Sectio I. Species armatae: am Rüssel mit mehreren Reihen von kleinen Haken besetzt.

1. Phascolosoma granulatum.

Phascolosoma granulatum F. S. Leuckart Breves animal. Descript. 1828. p. 22. [1]
Sipunculus verrucosus Cuv. Grube Actinien, Echinodermen und Würmer. 1840. p. 44. 45.
Phascolosomum granulatum Diesing Syst. Helminth. II. 1851. p. 63.

Körper länglich oval, mit bräunlichen, ziemlich gleichmässig vertheilten Papillen besetzt. Rüssel (an Spiritusexemplaren) etwa so lang wie der Körper, mit kleinen dichtstehenden Papillen gleichmässig bedeckt und vorn viele Reihen seitlich plattgedrückter, einfach hakenförmig gebogener Häkchen (Taf. III, Fig. 13) tragend. Die 12 bis 16 cylindrischen Tentakeln umgeben den Mund in einfacher Reihe. Die Retractoren setzen sich im hintersten Viertel der Länge des Thiers an die Körperwand. Mittelgrosse Spiritusexemplare messen etwa 20 mm. in der Länge und 8 mm. in der Breite des Körpers.

Im Mittelmeer, vielleicht in selbst gearbeiteten Höhlungen in Steinen.

Man darf wohl mit Recht annehmen, dass diese Art dieselbe ist, welche Cuvier [2]) als Sipunculus verrucosus anführt, von welcher er aber keine Beschreibung giebt, sondern nur angiebt, dass sie mit Sip. laevis zusammen in Steinen vorkommt. Leuckart gab die erste Beschreibung und sein Name muss desshalb beibehalten werden.

2. Phascolosoma laeve (Cuv.) Kef. Taf. III, Fig. 4.

Körper gestreckt oval, dünnhäutig, weisslich gelb, mit zerstreuten Papillen, welche sich nur an der Basis des Rüssels zusammendrängen und dort einen braunen Ring bilden. Rüssel fast so lang wie der Körper, mit wenigen zerstreuten Papillen und mit vielen bräunlichen Querbinden, welche an der Bauchseite meistens nicht geschlossen sind. Die Haken, Tentakeln und Retractoren wie bei Phasc. granulatum. Körper 25 mm. lang, 5 mm. dick (an Spiritusexemplaren).

---

1) Leuckart's Beschreibung ist folgende: Corpore ruguloso inflexo, parte corporis anteriore tenuiore, conoidea, parte posteriore crassiore subovali granulata; colore sordide fusco, granulis obscurioribus. Prope Cette. Longit. 1″ 9‴.

2) Règne animal. Nouv. édit. T. III. Paris 1830. p. 243.

Im Mittelmeer bei Sicilien.

Ich habe für diese Art, welche mir in drei Exemplaren von Sicilien vorliegt, den *Cuvier*'schen Namen laeve beibehalten, obwohl *Cuvier*[1]) von seinem Sipunculus laevis keine Beschreibung giebt, sondern nur erwähnt, dass er mit Sip. verrucosus zusammen in Steinen lebt.

3. Phascolosoma elongatum nov. spec. Taf. III, Fig. 5.

Körper langgestreckt, walzenförmig, hell oder bräunlich gelb, fast glatt und nur mit sehr feinen Papillen, welche meistens in Querreihen gestellt sind, gleichmässig bedeckt. Rüssel über halb so lang wie der Körper, an seinem Ende mit 8—10 Ringen von Haken besetzt, welche seitlich plattgedrückt und mit aufrecht stehender, kaum gebogener Spitze versehen sind (Taf. III, Fig. 14). Tentakeln 16 an der Zahl, blattförmig, 1 mm. — 1,5 mm. lang, in einfacher Reihe den Mund umgebend und nur auf der Rückenseite vor dem Hirn einen kleinen Zwischenraum lassend. Die Retractoren setzen sich in der vorderen Hälfte des Thiers an und das dorsale Paar in der Höhe des Afters. Bei grossen Exemplaren ist der Körper 40 mm. lang und 5 mm. breit.

Bei St. Vaast in den mit lehmartigem Schlamm gefüllten Ritzen der gneissartigen Granitfelsen am Ebbestrand, meist in mehreren Exemplaren zusammen, häufig.

4. Phascolosoma vulgare. [2]) Taf. III, Fig. 3.

Siponcle commun (Sipunculus vulgaris) *Blainville*, im Diction. des Scienc. naturelles. Art. Siponcle. T. 49. 1827. p. 312. 313. Atlas. Vers. Pl. 33. Fig. 3.
Phascolosomum vulgare *Diesing* Syst. Helminth. II. 1851. p. 65.

Körper gestreckt oval, mit sehr kleinen Papillen gleichmässig bedeckt, am Hinterende aber und an der Basis des Rüssels grössere dunkle dichtgedrängte Papillen tragend, welche an diesen Stellen zwei dunkle rauhe Zonen am Körper bilden. Rüssel halb so lang als der Körper. Haken, Tentakeln und Retractoren wie bei Phasc. elongatum. Körper 25 mm. lang, 6 mm. breit.

Bei St. Vaast mit Phasc. elongatum zusammen, aber sehr viel seltner.

Diese Art könnte man vielleicht für eine blosse Varietät des Phasc. elongatum halten, von dem sie nur durch die allgemeine Körperform und durch die an der Basis des Rüssels und dem Hinterende angehäuften grösseren Papillen abweicht, wenn nicht unter den hunderten von Exemplaren von Phasc. elongatum, welche ich sammelte, sich gar keine Uebergänge zu den sechs aufgefundenen Exemplaren von Phasc. commune gezeigt hätten.

Blainville's Beschreibung, welche sich auf eine Art, die er bei Dieppe häufig im Sande an den Wurzeln von Fucus fand, bezieht, ist sehr un-

---

1) Règne animal. a. a. O.
2) In Folge eines Schreibfehlers ist diese Art in den Götting. Nachrichten. 1862. p. 60 als Ph. commune aufgeführt.

vollkommen, da sie aber im Ganzen, wie auch die gegebene Abbildung, auf meine Art passt, so glaube ich für diese mit Recht den *Blainville*'schen Namen zu gebrauchen.

5. Phascolosoma Puntarenae. Taf. III, Fig. 1, 6 und 12.

Phascolosoma Puntarenae *Grube* et *Oersted*, in *Grube* Annulata Oerstediana in Vidensk. Meddelelser fra den nat. hist. Foren. i Kiöbenh. f. Aaret 1858. Kiöbenh. 1859. p, 117.

Körper gestreckt oval, dünnhäutig, hellgelblich, mit zerstreuten grossen Papillen, die auf der Rückenseite und vorzüglich in der Nähe des Afters besonders gross und dunkelbraun sind. Rüssel etwa so lang wie der Körper, mit kleinen Papillen und vorn mit etwa 25 Ringen von Haken bedeckt, welche aus einer seitlich plattgedrückten Basis bestehen, aus der oben unter rechtem Winkel eine dünne Hakenspitze entspringt. (Taf. III, Fig. 15.) Die Tentakeln sind kurz, etwa 20—24 an der Zahl, an der Rückenseite des Mundes in 2—3 Reihen hinter einander stehend. Die Retractoren des Rüssels setzen sich im hintersten Viertel der Länge des Thieres an. Körper 35 mm. lang, 8 mm. breit (an Spiritusexemplaren). Aus Westindien.

Das Phasc. Puntarenae Grube et Oersted hat nach der Beschreibung von *Grube* dunkle Querbinden vorn am Körper, 18 einen Zoll lange Tentakeln und ist 4 Zoll lang, es scheint mir aber von meinen von denselben Fundorten stammenden Exemplaren kaum verschieden.

Sectio II. Species inermes: ohne Haken am Rüssel.

6. Phascolosoma Antillarum. Taf. III, Fig. 2 und 11.

Phascolosoma Antillarum *Grube* et *Oersted*, in *Grube* a. a. O. Vidensk. Meddelelser. 1858. p. 117. 118.

Körper länglich oval, dickhäutig, dunkelbraun, mit dichtgedrängten grossen Papillen besetzt, welche besonders am Hinterende und noch mehr an der Basis des Rüssels an der Bauchseite dicht stehen und gross und dunkel gefärbt sind. Rüssel etwas kürzer als der Körper. Tentakeln etwa 3 mm. lang, 50—80 an der Zahl. Retractoren wie bei Phasc. Puntarenae. Körper 28 mm. lang, 7 mm. dick (an Spiritusexemplaren). Aus Westindien.

Nach *Grube* hat der Rüssel nur ein Viertel der Körperlänge und seine Exemplare waren fast 3 Zoll lang.

7. Phascolosoma minutum nov. spec. Taf. III, Fig. 7—10.

Körper länglich oval, fast glatt und nur mit mikroskopischen Papillen gleichmässig besetzt. Rüssel länger als der Körper, mit nur 2 Tentakeln, die blattförmig und ohne Hohlraum für das Blut sind, wesshalb auch das Tentakelgefässsystem fehlt. Ansatz der Retractoren ganz im Hinterende. Körper 6 mm., Rüssel 8 mm. lang.

Bei St. Vaast in den feinsten Ritzen des gneissartigen Granits, am Ebbestrand, nicht häufig.

Aus dieser Art könnte man nach den Tentakeln und dem Fehlen des Gefässsystems derselben vielleicht eine eigne Gattung machen, da ich aber bisher nur diese eine Art von dieser Bildung kenne, lasse ich sie vorläufig noch bei Phascolosoma.

In der nun folgenden anatomischen Beschreibung kann ich mich in vieler Beziehung kurz fassen, da das Phascolosoma wie in seinem äusseren Ansehen, auch in seinem inneren Bau dem Sipunculus, dessen Kenntniss ich hier voraussetze, sehr ähnlich ist.

2. Aeussere Haut.

Die äusserste Schicht der Haut besteht aus einer verschieden mächtigen chitinartigen Lage, an der man keine weitere Structur erkennen kann, als dass sie an ihrer Oberfläche oft nicht glatt, sondern körnig und rauh ist und welche man als eine von dem unter ihr liegenden Epithel abgesonderte Cuticula ansehen muss. Dies Epithel ist sehr verschieden ausgebildet, oft sieht man unter der Cuticula eine continuirliche Zellenlage, oft sind die Zellen nur zerstreut vorhanden, wie man das bei fertigen Cuticularbildungen häufig findet. Unter diesem Epithel liegt, wenigstens bei den genau darauf untersuchten Phasc. Puntarenae und Antillarum, eine äusserst feine Haut, welche sich aber durch eine kreuzförmige Strichelung, wie sie die Cuticula von Sipunculus nudus von aussen zeigt, leicht bemerklich macht und die wir als gestrichelte Haut (Taf. IV, Fig. 13) bezeichnen wollen; ihrer Lage nach scheint sie der bindegewebigen Cutis des Sipunculus zu entsprechen.

Die äussere Haut schliesst überall zahlreiche Hautdrüsen ein, welche die den Körper bedeckenden Papillen ausfüllen (Taf. IV, Fig. 11). Bei Sipunculus bilden die Hautdrüsen keine Hervorragungen auf der Körperoberfläche und am Rüssel, wo sich dort zahlreiche grosse Papillen finden, sind dies Aussackungen der äusseren Haut mit sammt den daran haftenden zahlreichen Hautdrüsen; bei Phascolosoma ist das durchweg anders, denn dort kann man die Papillen ansehen als einen blossen Ueberzug der einen in ihr enthaltenen Hautdrüse: der Grösse der Papillen, so verschieden sie auch sein mag, entspricht also stets die Grösse der darin enthaltenen Hautdrüse. So sind die Papillen bei Phasc. Antillarum gewöhnlich 0,22 gross, während sie bei Phasc. minutum nur 0,01 mm. messen. Die Drüse selbst zeigt sehr verschiedene Form, je nach derjenigen der Papille, kugelig bis flachgedrückt und dann bisweilen mit einem halsartigen Ansatz als Ausführungsgang. Wie beim Sipunculus besteht sie aus einer äusseren structurlosen Haut und innen daran aus einem oft sehr unregelmässigen Belege grosser Zellen. An ihrer Spitze öffnet sie sich in einen die Cuticula durchbohrenden Canal, welcher bei Phasc. Punta-

renae meistens zu einer kleinen Röhre erhoben ist (Taf. IV, Fig. 12), in
deren Wand zwei bis vier dunklere Körper zu einem Ring zusammenge-
lagert sind und deren Mündung feine Zäckchen trägt.

Die Drüse liegt in einer sie eng umschliessenden Erhebung der Cuticula mit ihrem Epithel, während die gestrichelte Haut diese Erhebung
nicht mitmacht, sondern an der centralen Seite der Drüse glatt unter dieser weggeht. Gerade unter der Mitte jeder Drüse hat die gestrichelte Haut
aber ein rundes Loch, durch welches die Drüse einen kurzen Fortsatz
schickt, der sie an die subcutane Muskulatur befestigt (Taf. IV, Fig. 13).
So ist es überall bei Phasc. Puntarenae und Antillarum und wenn man
dort die äussere Haut von der Muskulatur abreisst, so zeigt sich unter
dem Mikroskop diese Muskelschicht überall besetzt mit den Ansatzstellen
der Drüsen, an denen oft von diesen noch Fetzen der tunica propria hängen. Ob in diesen Ansatzstellen der Drüsen der Eintritt von Nerven, wie
solche bei Sipunculus so deutlich sind, verborgen ist, habe ich nicht ausmachen können, denn in dieser Hinsicht ist Phascolosoma gegen Sipunculus ein ungünstiges Object, da es hier bei der durcheinandergewirrten
Muskulatur nicht gelingt, die von dem Bauchstrang ausgehenden Nerven
weithin zu verfolgen.

In Betreff der Auffassung dieser sogenannten Hautdrüsen scheint mir
die Meinung Leydig's[1]), welcher dieselben wegen ihres grossen Zusam-
menhangs mit dem Nervensysteme bei Sipunculus eher für ein Sinnesorgan, als für einen absondernden Apparat halten möchte, sehr beach-
tenswerth, besonders da ich weder beim Sipunculus, noch bei Phascolosoma von einer besonderen Schleimabsonderung der Haut etwas bemerkt
habe, während auf der anderen Seite allerdings die Gattung Bonellia, die
ähnliche Hautdrüsen enthält, durch ihre grosse Schleimabsonderung ausgezeichnet ist.

Vorn am Rüssel, gleich unter den Tentakeln und an dem Theile, der
sich bei starker Vorstülpung etwas kugelig aufschwellt, sitzen bei der
ersten Section der Gattung Phascolosoma in regelmässigen Ringen kleine,
mit der Spitze nach hinten gerichtete Haken, auf welche, wie schon
erwähnt, Grube[2]) zuerst aufmerksam gemacht hat (Taf. III, Fig. 13, 14,
15). Diese Haken versprechen für die Charakterisirung der Arten gute
Merkmale zu geben und ihre Form verdient desshalb immer eine genaue
Beachtung. Es sind dies solide Erhebungen der Cuticula und je nach
ihrer Dicke verschieden dunkel braun gefärbt. Im Allgemeinen haben sie
die Form eines in der Längsrichtung des Thieres stehenden dreieckigen
Blättchens, dessen Spitze mehr oder weniger nach hinten umgebogen und
dessen vorderer Rand wulstartig verdickt ist. Ihre Basis ist etwas verbreitert und bei Phasc. Puntarenae, granulatum und laeve noch an ihrer

1) Die Augen und neue Sinnesorgane der Egel, im Archiv für Anat. und Physiol.
1861. p. 604. 605.

2) Actinien, Echinodermen und Würmer. 1840. p. 45.

Hinterseite durch eine Reihe kleiner Zäckchen verlängert. Die genaue
Form der Haken wird besser aus den beigegebenen Abbildungen, wie aus
einer Beschreibung klar, und die abgebildeten drei Formen von Haken
werden zeigen, wie gute Speciesunterschiede in ihnen liegen. Am vordersten Theile des Rüssels findet man die jüngsten Hakenreihen, die noch
ganz fein und blass und auch kleiner sind als die hinteren. Aus diesem
Grunde darf man auf die absolute Grösse der Haken, wie auf die Zahl
ihrer Ringe nicht zuviel Gewicht legen. Mehr darf man schon auf den
Abstand der Haken in einem Ringe von einander geben; bei Phasc. Puntarenae und granulatum beträgt dieser Abstand 0,02 mm., bei Phasc.
elongatum 0,04 mm.

3. Muskulatur.

Die Muskelhaut der Körperwandung besteht wie beim Sipunculus
aus zwei Schichten, einer inneren Längsmuskelschicht und einer äusseren
Ringmuskelschicht. — In der inneren Schicht sind bei Phasc. Puntarenae, Antillarum, granulatum, laeve die Muskelfasern ziemlich regelmässig in Längsstränge gesondert, welche aber sehr häufig durch schräge
Muskelstränge unter einander in Verbindung stehen und nicht allein hängen auf diese Weise zwei benachbarte Längsstränge zusammen, sondern
öfter auch weit von einander entfernte, wobei dann der schräge Strang
meistens fächerförmig ausgebreitet über mehrere Längsstränge hinweg-
läuft. Bei Phasc. elongatum, commune und minutum ist die innere Schicht
nicht in Längsstränge gesondert, sondern die 0,01 mm. breiten Muskelfasern bilden, eine neben der anderen liegend, eine ganz continuirliche
Haut. Die äussere Schicht besteht aus Ringmuskelfasern, welche aber
wenig in Strängen zusammengruppirt sind, sondern eine continuirliche,
nur von ringförmig gestellten Maschen unterbrochene Haut bilden, deren
Maschen aber bei Phasc. elongatum und commune so selten sind, dass
sie den Anblick einer gefensterten Membran bietet.

Wo der Rüssel beginnt, also etwa in der Höhe des Afters, verdünnt
sich, wie beim Sipunculus, die Muskulatur plötzlich und dort, wo bis
dahin am Körper gesonderte Längsstränge existiren, bilden sie von da an
eine feine, aus Längsfasern bestehende continuirliche Muskelhaut (Taf.
III, Fig. 6). Der Anfang des Rüssels ist desshalb bei den Arten mit gesonderten Längsmuskelsträngen viel markirter, als bei Phasc. elongatum
und commune, wo am Rüssel dieselbe Art von Muskulatur, nur feiner
als am Körper, existirt.

Ebenso wie bei Sipunculus existiren bei Phascolosoma vier Retractoren des Rüssels (Taf. III, Fig. 6 r, r'), während sie aber bei der
ersten Gattung sich alle vier in gleicher Höhe an die Körperwand setzen
und so breit sind, dass der Ansatz des einen gleich neben dem des andern liegt und man also entweder ein Paar Bauch- und ein Paar Rücken-

retractoren oder zwei Paar seitliche Retractoren unterscheiden kann, liegen diese Muskeln bei Phascolosoma alle an der Bauchseite und zwar ein
Paar, welches sich am weitesten hinten ansetzt, jederseits gleich neben
dem Nervenstrang, die ventralen Retractoren r, und ein anderes,
oft viel weiter vorn sich ansetzendes Paar, dessen Ansatz gleich lateral-
wärts von dem des ersten Paars sich befindet und kaum auf die Rückenseite des Thiers hinüberreicht, die dorsalen Retractoren r'. Die
letzteren sind die schwächeren (vorzüglich bei Phasc. elongatum) und sie
vereinigen sich in der vorderen Hälfte des Rüssels mit den Bauchretractoren, sodass man dort nur zwei seitliche mächtige Rückziehmuskeln findet. Diese sind durch eine feine muskulöse Haut in der Medianlinie, wo
sie den Oesophagus umgeben, verbunden und bei Phasc. elongatum reicht
diese feine Haut bis zur Höhe des Afters zwischen den ventralen Retractoren hinab.

Die den Darmcanal befestigenden Muskeln werden bei diesem beschrieben werden.

4. Leibesflüssigkeit.

Bei den Arten, welche ich lebendig zu untersuchen Gelegenheit hatte,
befindet sich in der Leibeshöhle wie beim Sipunculus eine weinrothe
Flüssigkeit, welche ihre Farbe zahlreichen darin suspendirten Körpern
verdankt. Die Hauptmasse derselben bilden die Blutkörper von Lin-
senform (Taf. IV, Fig. 9 a, b), welche bei Phasc. elongatum Zellen von
0,026 mm. Durchmesser, mit 0,006 mm. grossem Kerne sind, welcher
letztere sich aber erst bei Wasser- oder Essigsäurezusatz deutlich zeigt.
Bei Phasc. minutum haben die Blutkörper 0,037 mm. Durchmesser. —
In den Spiritusexemplaren bildet das Blut grosse gelbe, die Darmwindungen umgebende Klumpen und besteht bei Phasc. Puntarenae aus 0,02
mm., bei Phasc. Antillarum aus 0,016 mm. grossen kernhaltigen platten
Zellen (Taf. IV, Fig. 10 a) und ausserdem aus zahlreichen 0,004—0,008
mm. grossen fein granulirten Körnern b. Bei Phasc. elongatum und minutum schwimmen im Blute verschieden häufige maulbeerförmige Klümpchen c, welche aus 0,004—0,006 mm. grossen gleichmässigen Körnern
bestehen und wahrscheinlich jenen granulirten Körnern in den Spiritusexemplaren entsprechen. Zugleich damit kommen bei Phasc. elongatum
ziemlich häufig etwa 0,008 mm. grosse, fettartig glänzende Körner, auch
oft maulbeerförmig zusammengruppirt vor und bei Phasc. minutum finden sich neben den Blutkörpern 0,01—0,02 mm. grosse feinkörnige
Zellen.

Die Leibesflüssigkeit enthält in fast allen Exemplaren sehr zahlreiche
Eier, gerade wie beim Sipunculus, aber es ist mir nicht gelungen, wie
dort am Hinterende einen Porus zu finden, durch den man sich den Austritt der Eier vorstellen kann.

5. Verdauungstractus.

Der Verdauungstractus besteht aus einem im ganzen Verlaufe, mit Ausnahme des Schlundes, gleich weit bleibenden Canal, der mindestens vier bis sechsmal so lang wie der Körper des Thieres ist. Dieser Canal ist zu einer einfachen Schlinge zusammengelegt, welche aber wieder zu einer dexiotropen Spirale, bei Phasc. Puntarenae und Antillarum in sieben, bei Phasc. elongatum in vielen Windungen sich zusammendreht. Den vorderen Theil des Tractus bis zu der Stelle, wo die spiralige Einrollung beginnt, kann man als Speiseröhre oe, den hinteren Theil vom After bis zum Eintritt in die Spirale als Enddarm bezeichnen. Der allervorderste Theil des Oesophagus erweitert sich plötzlich zu einem Schlunde, der in der Seitenrichtung fast die ganze Breite des Thiers einnimmt und dessen weite Mündung von den Tentakeln umstellt wird (Taf. III, Fig. 8—10 ph, Taf. IV, Fig. 4, 5 ph). Bei Phasc. elongatum war die Wand des Schlundes mit demselben gelblichen Pigment versehen, was auch die Tentakeln färbt. Im Darmcanal liegt ein wesentlicher Unterschied von Sipunculus und Phascolosoma, denn bei ersterem liegt der Darm im vorderen Theile des Körpers in zwei Schlingen oder vier Röhren neben einander, während bei Phascolosoma im ganzen Verlaufe nur eine Schlinge zu der Spirale zusammengewunden ist.

Der Darmcanal besteht aussen aus einer structurlosen Haut, auf welche eine dünne Schicht feiner Ring- und Längsfasern von wahrscheinlich musculöser Natur folgt, die innen von einer einfachen Lage rundlicher oder cylindrischer Epithelzellen bekleidet wird. Innen ist der Darm überall mit Cilien ausgekleidet und bei Phasc. elongatum wimpert er mit Sicherheit auch auf seiner ganzen Aussenfläche.

Bei Phasc. elongatum und minutum ist der Darm in seinem ganzen Verlaufe mit kleinen fingerförmigen Aussackungen versehen (Taf. IV, Fig. 1, 2), in welchen die Cilien besonders lang sind, während sie aussen auch bei Phasc. elongatum keine Cilien tragen. Bei Phasc. minutum sind diese Darmaussackungen 0,05—0,08 mm. lang, bei Phasc. elongatum etwa 0,26 mm. Im Sipunculus findet sich am Darm nicht weit vom After eine solche Aussackung, Divertikel, die in ihrer Bedeutung vielleicht mit diesen zahlreichen Anhängen von Phascolosoma übereinkommt.

Die Darmspirale windet sich wie um eine Axe um einen in ihrer Mitte liegenden spindelartigen Muskel (Taf. III, Fig. 6 z), welcher jedoch bei Phasc. elongatum, commune, minutum nur die Darmwindungen unter einander verbindet, indem von ihm quirlförmig zahlreiche Muskelfasern abgehen, die sich an den Darm heften, bei Phasc. Puntarenae, Antillarum, granulatum dagegen entspringt er über dem After von der Körpermuskulatur, wie bei Sipunculus, und setzt sich gerade an der hinteren Spitze des Thiers wieder an diese an, sodass er dort ausser der Verbindung der Darmwindungen unter einander auch den ganzen Darmtractus in Lage erhält. Bei den erstgenannten drei Arten liegt desshalb der Darm ganz frei in der Körperhöhle, und bei starker Füllung derselben mit Eiern, wie man das besonders bei Phasc. minutum beobachtet, ist der Darm auch oft aus dem hinteren Theile des Körpers ganz verdrängt.

Fast überall scheint aber der Darm dort, wo die Spirale beginnt, noch durch besondere Muskeln befestigt zu sein, bei Phasc. elongatum sind dies zwei, ein von der Bauchseite entspringender und mit zwei Aesten sich an das Unterende des Oesophagus setzender und ein spindelförmiger, von der Rückenseite kommender, welcher sich an den Anfang des Enddarms anheftet. Bei Phasc. Puntarenae ist dies nur ein nahe am Nervenstrang entspringender Muskel (Taf. III, Fig. 6 y), welcher sich aber bald spaltet, mit einem Ast sich ans Ende des Oesophagus, mit dem andern an die erste Darmmündung ansetzt. Solche Muskelfasern, wie sie bei Sipunculus in der ganzen Länge des Körpers vom Darm zur Körperwand ziehen, fehlen bei Phascolosoma ganz. Den Darm findet man wie bei Sipunculus mit Sand oder kleinen Muschelfragmenten, wie es der Seeboden gerade bietet, gefüllt und bemerkt darin oft in grosser Menge gregarinenartige Wesen, von denen ich einige abgebildet habe (Taf. IV, Fig. 1, 2 I).

6. Tentakelsystem.

Die Oeffnung des Mundes ist von cylindrischen oder blattförmigen Tentakeln umstellt, welche aber nie einen ganz vollständigen Kreis bilden, sondern auf der Rückenseite vor dem Hirn stets einen, wenn auch kleinen Zwischenraum lassen, so dass man zwei seitliche Gruppen von Tentakeln unterscheiden muss. Bei Phasc. Puntarenae und Antillarum befindet sich mit den Tentakeln am Munde noch ein eigenthümliches Organ, welches ich den Bauchlappen nenne (Taf. III, Fig. 11, 12 b); es ist dies eine lappige Verlängerung der Bauchwand, über der der Eingang in den Mund liegt, von welcher alle Tentakeln desshalb dorsal stehen, sodass auf der Bauchseite des Mundes sich dieser Lappen, auf der Rückenseite die Tentakeln erheben. Es wäre möglich, dass dieser Bauchlappen nur eine zufällige Vortreibung der unteren Fläche des Schlundes, wie sie bei der kräftigen Contraction des Thiers in Spiritus vielleicht entstände, vorstellte, und ich muss die Entscheidung dieser Frage weiteren Beobachtungen überlassen. — Zwischen den beiden Tentakelgruppen liegt an der Rückenseite, wenigstens bei Phasc. Puntarenae und elongatum, ein kleiner Rückenlappen (Taf. IV, Fig. 5 k), in welchen eine Ausstrahlung des Gehirns hinein tritt.

Die Tentakeln sind hohl und können von Blut aufgeschwellt werden, für gewöhnlich jedoch enthalten sie kein Blut und ich habe dies stets nur bei Reizung des Thiers, wie Druck mit Deckglase u. s. w., einströmen sehen. Sie sind mit grossen Cylinderepithelzellen besetzt und wimpern besonders aussen sehr stark, ebenfalls aber auch innen, und sind sehr steif, so dass es auf ihre Bewegungen wenig Einfluss zu haben scheint, ob sie mit Blut gefüllt sind oder nicht.

Die Füllung der Tentakeln mit Blut wird durch ein eigenes Tentakular-Gefässsystem (Taf. IV, Fig. 4, 5) bewirkt, dessen richtige Erkenntniss mit grossen Schwierigkeiten verknüpft war. Nur bei einige Millimeter langen, fast durchsichtigen Exemplaren von Phasc. elongatum gelang es, damit ins Reine zu kommen und zu erkennen, dass es aus einem contractilen Schlauch und einem Ringgefäss besteht, in welches die Hohlräume der Tentakeln einmünden. Am Oesophagus läuft seiner ganzen Länge nach dieser contractile Schlauch *s* entlang, welcher aus einer dünnen, höchst elastischen Haut mit vielen eingelagerten spindelförmigen oder runden Kernen besteht und innen und aussen mit Cilien besetzt ist (Taf. IV, Fig. 6); er liegt wenigstens vorn auf der Rückenseite des Oesophagus und erweitert sich unter dem Gehirn auf dem Schlunde zu einem Sinus, von dem rund um den Schlund gleich unter den Tentakeln ein Ringsinus *s'* abgeht, von dem die Hohlräume der Tentakeln unmittelbare Aussackungen zu sein scheinen. Bis zum Anfang des Schlundes ist die beschriebene eigene Wand dieses Gefässsystems leicht zu erkennen, von da aber konnte ich diese nicht mehr verfolgen und der Längsstamm auf dem Schlunde, der Sinus unter dem Gehirn, das Ringgefäss unter den Tentakeln war nur klar, sowie entweder Blut vom Schlauch zu den Tentakeln oder umgekehrt strömte: durch geeigneten Druck auf das Deckglas konnte man bei den zu diesen Beobachtungen überhaupt nur geeigneten kleinen Exemplaren diese Strömungen bisweilen hervorbringen. Der Schlauch am Oesophagus macht bei solchen Thieren stets die kräftigsten Contractionen, ist oft in einem Theil zu einer grossen Blase ausgeweitet, oft bis zu fast verschwindenden Linien zusammengezogen und das Blut darin schiesst hin und her, aber nur selten sieht man dasselbe bis zum Hirn gelangen und sich in den Tentakeln verbreiten. Am besten gelang die Beobachtung, wenn ich das Thier mit der Scheere rasch etwa am After durchschnitt, dann hatten sich die Tentakeln durch den kräftigen Reiz mit Blut gefüllt und man konnte, nachdem man sie unter dem Mikroskop bei etwa 60facher Vergrösserung ausgebreitet hatte, das Zurückströmen des Blutes aus den Tentakeln in den Schlauch am Oesophagus sehen.

Der Inhalt dieses Gefässsystems ist dieselbe rothe Flüssigkeit, welche die Leibeshöhle erfüllt, jedoch habe ich von den körperlichen Elementen in ihm nur die linsenförmigen Blutkörper bemerkt (Taf. IV, Fig. 6 *s*). Einen Zusammenhang des Gefässsystems mit der Leibeshöhle habe ich nicht finden können und dieselbe Blutflüssigkeit schien sich in zwei von einander unabhängigen Räumen entwickelt zu haben.

Bei Phasc. Puntarenae, das ich nur in Spiritusexemplaren kenne, findet sich neben dem Oesophagus ein ähnlicher, oben am Schlund sich verlierender Schlauch, aber bei Phasc. Antillarum hat man statt dessen ein

ganz längs des Schlundes herablaufendes traubiges Gebilde, das besonders am Unterende des Oesophagus sehr ausgebildet ist und bei der
Section sofort in die Augen fällt (Taf. IV, Fig. 7). Dies letztere Organ
besteht aus einem dem Oesophagus anhaftenden Längsschlauche, welcher mit 0,12 mm. dicken Ausstülpungen besetzt ist, die sich an ihrem
Ende oft noch gabelig theilen und auch an ihrer Basis sich oft haufen-
weise vereinigen. Diese Schläuche sind strotzend gefüllt mit runden,
0,016—0,02 mm. grossen kernhaltigen Zellen, deren Inhalt entweder
ganz klar oder feinkörnig ist und die mit den Blutkörpern der Leibeshöhle ganz übereinstimmen (Taf. IV, Fig. 8). Mit der Deutung dieses
Befundes konnte ich bei den Spiritusexemplaren gar nicht ins Reine
kommen, bis die Beobachtung des lebenden Phasc. elongatum lehrte,
dass dieses der contractile Schlauch des Tentakulargefässsystems sei.
Bei Phasc. Antillarum ist dieser Schlauch also mit vielen seitlichen Ausstülpungen besetzt, von denen ich nicht glauben möchte, dass sie erst bei
dem Tode in Spiritus entstanden wären.

Beim Sipunculus läuft jederseits am Oesophagus ein cylindrischer
Schlauch entlang[1]), *delle Chiaje*[2]), welcher nur einen derselben sah,
nannte ihn Ampolla Poliana, ohne jedoch über die Function irgend eine
Vermuthung zu äussern, *Grube*[3]) dagegen, welcher beide Schläuche erkannte, glaubt, dass sie mit dem Hohlraum in den Tentakeln in Verbindung ständen. Es scheint nach den obigen Beobachtungen an Phascolosoma nicht unwahrscheinlich, dass diese beiden Schläuche des Sipunculus auch zu einem Tentakulargefässsystem gehören, vielleicht aber in
einer sehr anderen Weise, denn in diesen Schläuchen habe ich nie etwas
dem Blute des Sipunculus Aehnliches gefunden, eben so wenig wie in den
Tentakeln desselben und es wäre möglich, dass dies Gefässsystem des
Sipunculus sich mit Wasser von aussen her füllte und dass der von den
Tentakeln zum Hirn bei Sip. tesselatus gehende Strang[4]) dazu gehörte,
indem dieser an den Tentakeln mit einer Oeffnung nach aussen zu enden
schien. Die Entscheidung dieser Fragen, so wichtig sie auch sind, müssen wir ferneren Beobachtungen überlassen und uns hier damit begnü-
gen, nur die Aufmerksamkeit darauf zu lenken und wir bemerken nur
noch, dass die Entwicklungsgeschichte vielleicht am ersten Aufschluss
verspricht, da beim Sipunculus[5]) die beiden Schläuche schon früh bei
der Larve sich zeigen, dort aber einen ganz drüsigen Anblick gewähren.

Von diesem Tentakelsystem weicht dasjenige von Phasc. minutum

---

1) *Keferstein* und *Ehlers* a. a. O. p. 45. Taf. VI. Fig. 1 s.
2) Memorie sulle storia e notomia degli animali senza vertebre del Regni di Napoli. Vol. II. Napoli 1825. 4. p. 14. 15. Tav. I. Fig. 6 d.
3) Versuch einer Anatomie des Sipunculus nudus, in Archiv für Anatomie und
Physiologie. 1837. p. 251. 252. Taf. XI. Fig. 2 P^1, P^2.
4) *Keferstein* und *Ehlers* a. a. O. p. 47. Taf. VII. Fig. 1 und 2 u, u'.
5) a. a. O. Taf. VIII. Fig. 6. 7 s

sehr ab (Taf. III, Fig. 9, 10). Hier haben wir nur zwei blattförmige Tentakeln L, von denen auf jeder Seite des Mundes einer steht, mit seiner breiten Fläche der Mundspalte parallel laufend, sie aber nicht bis zur Bauchseite begleitend. Diese beiden Tentakeln sind wie gewöhnlich mit Cilien besetzt, mit Ausnahme ihrer Spitze, die constant ganz nackt gefunden wurde. Aussen von diesen Tentakeln stehen um den Mund fünf ganz kurze wimpernde Lappen l, die so vertheilt sind, dass an der Bauchseite ein unpaarer und auf jede Seite ein Paar kommt, während sie auf der Rückenseite eine Lücke lassen, in welche die beiden Tentakeln sich einschieben. Man könnte die beiden Tentakeln vielleicht, da in ihnen die vordere Ausstrahlung des Gehirns endet, als Rückenlappen, die kurzen dreieckigen Lappen aber als die eigentlichen Tentakeln auffassen. Weder die Tentakeln noch die Lappen enthalten einen Hohlraum, und das Tentakulargefässsystem fehlt dem entsprechend bei dieser Species, die man danach zu einer eignen Gattung machen könnte, ganz.

7. Nervensystem.

Das Nervensystem hat dieselbe Anordnung, wie sie von Sipunculus bekannt ist. An der Bauchseite verläuft unmittelbar auf der Muskelhaut innen aufliegend der cylindrische Bauchstrang (Taf. III, Fig. 6 n), von dem sehr zahlreich feine Seitenäste abgehen. Im Rüssel bekommt dieser Strang zu Bewegungen einige Freiheit, indem er nicht mehr der Körperwand fest anhaftet, sondern etwas von ihr abgehoben ist, sodass die dort abgehenden Seitenäste eine gewisse Strecke durchlaufen müssen, ehe sie vom Bauchstrang zur Körperwand gelangen. Die Muskeln, die sich bei Sipunculus an dieser Stelle des Bauchstrangs finden, fehlen bei Phascolosoma.

Ganz vorn gleich unter den Tentakeln theilt sich der Bauchstrang und umfasst mit seinen beiden Schenkeln den Schlund, auf welchem sie oben sich ins Gehirn g einsenken. Während bei Sipunculus der Schlundring sehr weit ist, liegt er bei Phascolosoma überall dem Schlunde dicht an und erhebt sich unten rechtwinklig aus dem Bauchstrange (Taf. III, Fig. 9, 10 sch). Das Gehirn ist gewöhnlich ein herzförmiger, mit der Spitze nach hinten gerichteter Körper, der vorn meistens eine Einkerbung als Andeutung der Zusammensetzung aus zwei Seitenhälften zeigt. Es trägt bei allen mir bekannten Arten, mit Ausnahme von Phasc. minutum, zwei Augen, welche bei Phasc. granulatum von *Grube*[1]) zuerst gesehen sind: sie bestehen aus blossen Anhäufungen eines dunkelrothen Pigments ohne alle weiteren Attribute von Augen. Bei Phasc. elongatum sah ich zuweilen zu diesen beiden lateralen Augen noch ein medianes, zuweilen auch zwei hintere kleinere laterale hinzukommen, sodass die Zahl der Augen als Speciesunterschied unbrauchbar scheint.

1) Actinien, Echinodermen und Würmer. Königsberg 1840. 4. p. 45.

Von der vorderen Seite des Gehirns strahlt eine Nervenmasse in den Rückenlappen vor demselben aus, die besonders bei Phasc. minutum bedeutend ist und sich dort in zwei Aeste für die beiden blattförmigen Lappen am Munde theilt, und vom Schlundring tritt eine ganze Reihe Nerven zu den Tentakeln, andere gehen rückwärts zum Schlunde.

Der Bauchstrang (Taf. IV, Fig. 3) und die davon abgehenden Nerven, die sich bald in der Muskulatur verlieren und nicht weit verfolgt werden können, bestehen aus einer feinkörnigen Masse, die Andeutungen von Längsfasern zeigt und die von einer ganz dünnen, zahlreiche Kerne enthaltenden Scheide umgeben ist. Beim Sipunculus liegt um die feinkörnige Axenmasse eine dicke zellige Scheide, beim Priapulus scheint aber nach *Ehlers*[1]) der Nervenstrang denselben Bau wie bei Phascolosoma zu haben. Im Gehirn konnte ich keine Zellen in der feinkörnigen Masse unterscheiden.

8. Bauchdrüsen.

Mit diesem Namen bezeichne ich die beiden in der Höhe des Afters an der Bauchseite liegenden Drüsen (Taf. III, Fig. 6, 8 *B*), die nach ihrem Inhalte beim Sipunculus als Hoden beschrieben wurden[2]). Bei Phascolosoma habe ich in ihnen nie etwas von Entwicklungszellen der Zoospermien oder diesen selbst bemerkt und bezeichne sie desshalb mit dem allgemeinen Namen Bauchdrüsen, ohne über ihre Function eine Meinung auszusprechen.

Die Wand dieser Drüsen besteht aus einem Maschengewebe von Muskelfasern und aus einem inneren Beleg von runden, oft bräunliche Pigmentkörner enthaltenden Zellen, die mit sehr grossen und lebhaft schlagenden Cilien besetzt sind.

Bei Phasc. Puntarenae und Antillarum sind die Bauchdrüsen in ihrem vorderen Theile durch ein Mesenterium (Taf. III, Fig. 6 *v*) befestigt, während sie bei Phasc. elongatum und minutum ganz frei sind und auch in allen Richtungen im Körper liegend gefunden werden. Sie sind äusserst contractil und fast stets sieht man einige Theile derselben blasenförmig ausgedehnt, während andere starke Einschnürungen zeigen.

9. Geschlechtsorgane.

Unter alle den mindestens zweihundert Exemplaren von Phascolosoma, die ich in St. Vaast sammelte, fand sich kein einziges, in dem Zoospermien zu entdecken waren[3]). Bei fast allen darauf untersuchten Exemplaren enthielt die Leibeshöhle sehr zahlreiche Eier in allen Stadien der Entwicklung im Blute schwebend.

---

1) a. a. O. p. 240.

2) *Keferstein* und *Ehlers* Zoolog. Beiträge. 1861. p. 49. 50.

3) Mein Freund Dr. *Claparède* erhielt dagegen ein paar ganz mit Zoospermien gefüllte Exemplare.

Die Eier sind wie beim Sipunculus mit einer von regelmässigen Porencanälen durchbohrten Eihaut versehen, wurden aber stets einzeln beobachtet, nicht so wie beim Sipunculus[1]) in Gruppen zusammen liegend und jedes noch von einer zelligen Eihülle umkleidet. Nur bei Phasc. minutum (Taf. III, Fig. 8) sah man häufig die Eier und oft solche in ungleicher Grösse zu zwei bis fünf aneinander haften.

Bei Phasc. minutum waren die kleinsten Eier 0,04 mm., die meisten und grössten 0,22—0,28 mm. im Durchmesser, bei Phasc. elongatum und vulgare massen die kleinsten Eier 0,028 mm., während bei Phasc. Antillarum die kleinsten mit Sicherheit zu erkennenden Eier 0,012 mm., die grössten 0,12—0,15 mm. Durchmesser hatten. Die kleinste Species enthielt demnach die grössten Eier, aber entsprechend in viel geringerer Anzahl. Bei allen Eiern waren Keimbläschen und Keimfleck stets deutlich.

***

VI.

Untersuchungen über die Nemertinen.

Taf. V, VI, VII.

Unter den Steinen am Ebbestrande von St. Vaast la Hougue findet man sehr häufig Nemertinen in vielen Arten und es ist hauptsächlich dieser Ort, wo Quatrefages[2]) seine Untersuchungen über diese Thierclasse anstellte, die, so viele Irrthümer sie auch einschliessen, dennoch bis jetzt zu den ausgeführtesten gehören. Man wird an diesem Puncte leicht eine grosse Menge von Arten unterscheiden können, ich selbst aber habe in der Fülle des übrigen Materials nur wenige von ihnen genau in allen Theilen beobachtet und beschreibe im Folgenden nur diese und lasse die grosse Zahl derjenigen, wo das eine oder andere Organ nicht untersucht wurde, lieber ganz weg.

Die Systematik dieser Thierordnung ist noch sehr unvollkommen und hat schon darin ganz besondere Schwierigkeiten, dass die meisten bisherigen Beschreibungen wesentliche Puncte unberücksichtigt lassen und in Sammlungen diese Thiere meistens nur gering vertreten sind, vielleicht weil man denkt, an Spiritusexemplaren nur wenig mehr erkennen zu können, eine jedoch in vielen Fällen ganz unbegründete Furcht. Im folgenden ersten Abschnitte versuche ich dennoch eine systematische

***

1) *Keferstein* und *Ehlers* Zoolog. Beiträge. 1861. p. 50. Taf. VIII. Fig. 3.

2) Etudes sur les types inférieurs de l'embranchement des Annelés. Mémoire sur la famille des Némertiens, in Annales des Sciences naturelles. Zoologie. [3.] VI. 1846. p. 173—303. Pl. 8—14. Die zahlreichen Beschreibungen und Abbildungen von Nemertinen, welche *Quatrefages* in seinen, *Milne Edwards* und *Blanchard's* Recherch. anat. et physiol. faites pendant un voy. sur les côtes de la Sicile. Paris 1849. 4. giebt, sind mir leider nicht zugänglich.

Eintheilung der Nemertinen und muss dafür bei meinem Mangel an Material um eine besondere Nachsicht bitten. Der zweite Abschnitt enthält die Beschreibung der wenigen von mir in St. Vaast genau beobachteten Arten und der dritte eine Darstellung der Anatomie dieser Thiere; in einem Anhang endlich gebe ich einige Bemerkungen über das merkwürdige Thier Balanoglossus des *delle Chiaje*.

A. Ueber die systematische Eintheilung der Nemertinen.

Ehrenberg[1]), dem man die glückliche Aufstellung der Classe der Turbellarien verdankt, welche, wenn wir daraus die hier so fremdartigen Familien der Gordiaceen und Naidinen entfernen, noch heute unseren völligen Beifall verdient, hat auch über die Nemertinen, welche bei ihm in der zweiten Ordnung Rhabdocoela dritten Section Amphiporina stehen, die erste systematische Uebersicht gegeben und dabei hauptsächlich sein Material aus dem rothen Meere zu Grunde gelegt. *Ehrenberg* berücksichtigt bei der Eintheilung vorzüglich die Zahl und Stellung der Augen, welche man meiner Ansicht nach nur für ein sehr trügliches Merkmal halten kann.

Oersted[2]) löst sehr mit Unrecht die Classe der Turbellarien auf, bringt die Planarien zu den Trematoden und behandelt die Nemertinen (Cestoidina Oer.) als eine neben diesen stehende Unterordnung. Die Nemertinen finden hier eine eingehendere Eintheilung und die Form des Thiers und Kopfes, die Kopfspalten (fissurae respiratoriae Oer.), Augen u. s. w. dienen dabei zur Grundlage.

In systematischer Hinsicht ist die angeführte Abhandlung von *Quatrefages* sehr unbedeutend; allgemeinere Eintheilungen werden gar nicht versucht und auch die Gattungen hauptsächlich nur nach der Körperform im Ganzen und dem Grade der Contractilität unterschieden, zwei neue Gattungen aber werden nach dem subterminalen Rüssel (Valencinia) und dem sublateralen Verlaufe der Seitennerven (Oerstedia) aufgestellt.

Diesing[3]) hat auch für unsere Thiere alles literarische Material mit der gewohnten Genauigkeit zusammengetragen und theilt die Turbellarien in drei Tribus: Dendrocoela, Rhabdocoela und Nemertinea und zerfällt die letzteren in vier Subtribus nach der Bildung des Kopfes, der entweder keine Lappen, oder zwei Lappen, oder eine Querfurche, oder endlich Seitenfurchen besitzt. Im Ganzen ähnlich ist die Eintheilung von

1) *Hemprich* et *Ehrenberg* Symbolae physicae. Animalia evertebrata exclusis Insectis recensuit Dr. *C. G. Ehrenberg*. Series prima cum Tabularum decade prima. Berolini 1831. fol. Phytozoa turbellaria, folia a—d. Tab. 4 et 5.

2) Entwurf einer systematischen Eintheilung und speciellen Beschreibung der Plattwürmer, auf mikroskopische Untersuchungen gegründet. Copenhagen 1844. 8. p. 25—38 und 76—95.

3) Systema Helminthum. Vol. I. Vindobonae 1850. 8. p. 180—183 u. 238—277.

Schmarda[1]), welcher aber einen grossen Schritt weiter thut, indem er
zunächst zwei Abtheilungen nach der Abwesenheit oder Anwesenheit von
grossen Kopfspalten, die er für Athemwerkzeuge hält, macht, Abranchiata
und Rhochmobranchiata, und auf diese Weise sich einer Gruppirung
nähert, wie sie früher schon *Max Schultze* vorgeschlagen hatte.

Dieser ausgezeichnete Naturforscher[2]) theilt nämlich die Nemertinen
nach der Anwesenheit oder Abwesenheit der Bewaffnung im Rüssel in
zwei Gruppen, Anopla und Enopla, und begründet die Natürlichkeit dieser Eintheilung durch den Nachweis, dass mit diesem Kennzeichen aus
der Bewaffnung eine Formverschiedenheit des Gehirns und das Vorhandensein oder Fehlen grosser Seitenfurchen am Kopfe Hand in Hand geht.
Schon vorher hatte allerdings *Johnston*[3]) die britischen Nemertinen nach
der Bewaffnung des Rüssels auf dieselbe Weise in zwei Abtheilungen
gebracht, aber erst durch *Schultze* wird dies Merkmal in seinem wahren
Werthe erkannt und mit den übrigen Kennzeichen in Uebereinstimmung
gebracht. *Leuckart*[4]) hat bereits Gelegenheit gehabt, der Schultze'schen
Eintheilung seinen Beifall zu geben, und man muss es als einen besonderen Vorzug derselben rühmen, dass man, wie es *Schultze* auch bereits
angiebt, noch bei Spiritusexemplaren wohl stets die Bewaffnung erkennen und dadurch also den ersten Schritt zur Bestimmung einer Nemertine mit Sicherheit thun kann.

Ich lasse nach dieser historischen Einleitung nun meine eigne systematische Uebersicht der Ordnung der Nemertinen folgen und bemerke
nur dabei, dass ich nur einige wenige Gattungen des Beispiels halber bei
den Familien aufführe und u. A. die vielen von *Girard* und von *Stimpson*
aufgestellten, so merkwürdige Formen sie auch einschliessen, gar nicht
erwähne, da zu einer umfassenden Einordnung der Gattungen und endlich der Species die vorhandenen Beschreibungen nicht ausreichen und
das natürliche Material dazu mir ganz mangelt.

Ordo Nemertinea.
Subordo I. Nemertinea enopla Max Schultze.

Im Rüssel ist der stacheltragende Apparat vorhanden.

Familia 1. Tremacephalidae.

Die Kopfspalten sind kurz, in die Quere gerichtet oder trichter-

---

1) Neue wirbellose Thiere, beobachtet und gesammelt auf einer Reise um die
Erde 1853—1857. Erster Band. Turbellarien, Rotatorien und Anneliden. Erste Hälfte.
Leipzig 1859. 4. p. 38 und 39.

2) in Zoologische Skizzen. Briefliche Mittheilung an Prof. Dr. *v. Siebold*, in Zeitschrift für wissenschaftliche Zoologie. Bd. IV. 1852. p. 182—184. — Schon früher
hatte *Schultze* auf dies Kennzeichen hingewiesen: Beiträge zur Naturgeschichte der
Turbellarien. Erste Abtheilung. Greifswald 1851. p. 7.

3) Miscellanea zoologica, in Magazine of Zoology and Botany. Vol. I. London
1837. p. 529.

4) in seinen Nachträgen und Berichtigungen zu van der Hoeven's Handbuch der
Zoologie. Leipzig 1856. p 112. 113.

förmig. Am Gehirn sind die oberen Ganglien wenig nach hinten verlängert und lassen die unteren fast ganz frei. Die Seitennerven entspringen vom hinteren Ende der unteren Ganglien, als allmähliche Ver-
jüngungen derselben.

a. Tremacephaliden ohne Lappenbildung vorn am Kopf.

1. Polia [1] *delle Chiaje* 1825.

Kopf deutlich vom Körper abgesetzt, vorn zugespitzt, ohne Augen.
Mund nahe dem Vorderende. Körper hinten verschmälert.

Delle Chiaje [2] stellte diese Gattung zu Ehren seines Lehrers *Poli* auf
und obwohl er sehr verschiedene Formen zu dieser Gattung bringt, glaube
ich sie dennoch beibehalten zu müssen, indem ich die zuerst und am genauesten beschriebene Art Polia sipunculus dabei als Typus ansehe.
Oersted und *Diesing* lassen diesen Gattungsnamen ganz fallen und *Quatrefages* [3] berücksichtigt bei Charakterisirung seiner Gattung Polia gar
nicht die Formen, die *delle Chiaje* dazu rechnete und giebt davon folgende unbestimmte Diagnose: »Mund (d. h. Rüssel) terminal, Körper
kurz, sehr contractil, mehr oder weniger abgeplattet«.

2. Borlasia *Oken* (char. reform.).

Kopf nicht vom Körper abgesetzt, meistens mit Augen. Mund einige
Kopfbreiten vom Vorderende entfernt. Körper hinten wenig verschmälert
und gewöhnlich ziemlich kurz.

Unter dem Namen Borlasia angliae beschreibt *Oken* [4] den Sea long-
worm des *Borlase*, für den *Sowerby* schon zehn Jahre vorher den Gattungsnamen Lineus gebildet hatte. *Oken's* Gattungsname fällt dadurch
hinweg, aber ich folge hier *Oersted*, *Diesing*, *Schmarda* u. A., wenn ich
diesen in unserer Thierordnung eingebürgerten Namen beibehalte, ungefähr für die Formen, für welche ihn auch die drei letztgenannten Schriftsteller anwenden. In dieser Begrenzung gehen *Ehrenberg's* Gattungen
Ommatoplea und Polystemma in der Gattung Borlasia auf.

3. Oerstedia *Quatrefages* 1846.

Kopf nicht vom Körper abgesetzt. Seitennerven verlaufen nahe der
Medianlinie, nicht wie gewöhnlich ganz in den Seiten.

Quatrefages [5] stellte diese Gattung für ein paar Nemertinen aus Sicilien, nach dem aus der Lage der Seitennerven hergenommenen Merk-

---

1) Bereits 1816 hat *Ochsenheimer* mit demselben Namen einen Schmetterling
benannt.

2) Memorie sulle storia e notomia degli animali senza vertebre del Regno di Napoli. Vol. II. Napoli 1825. 4. p. 406—408. Tav. 28. Fig. 1—3. Polia sipunculus.

3) a. a. O. Annal. des Scienc. natur. [3.] VI. 1846. p. 201. 202.

4) Lehrbuch der Naturgeschichte. Bd. III. Zoologie. Abtheil. 1. Fleischlose
Thiere. Leipzig und Jena 1815. 8. p. 365.

5) a. a. O. Annales des Scienc. natur. [3.] VI. 1846. p. 221. 222.

mal auf und gab folgende Diagnose: »Zwei sublaterale Seitennerven; Mund (d. h. Rüssel) terminal; Körper cylindrisch.«

b. **Tremacephaliden mit Lappenbildung vorn am Kopf.**

4. Micrura *Ehrenberg* 1831.

Kopf nicht vom Körper abgesetzt, vorn mit einer Querfurche, so dass ein oberer und ein unterer Lappen entsteht, zwischen denen der Rüssel heraustritt. Mit Augen. Mund einige Kopfbreiten vom Vorderende entfernt. Wahrscheinlich darf man mit dieser Gattung auch Tetrastemma *Ehrenberg* [1]) zusammenziehen.

5. Prosorhochmus [2]) gen. nov.

Kopf nicht vom Körper abgesetzt, vorn mit drei Lappen, indem das Vorderende herzförmig ausgeschnitten ist und an der Rückseite ein dritter Lappen liegt. Der Rüssel tritt unterhalb dem herzförmig getheilten Vorderende aus. Mit Augen. Mund ein paar Kopfbreiten vom Vorderende entfernt. Körper von mittlerer Länge und Contractilität.

Im zweiten Abschnitt (p. 61) ist eine lebendig gebärende Art P. Claparèdii, bisher die einzigste dieser Gattung, beschrieben.

6. Lobilabrum *Blainville* 1828.

Kopf nicht vom Körper abgesetzt, vorn mit vier Lappen, indem der vordere Rand erst in eine obere und untere Lippe getheilt ist, zwischen denen der Rüssel durchtritt, und von denen jede wieder herzförmig ausgeschnitten ist, die obere viel tiefer als die untere, so dass diese wie mit zwei Tentakeln besetzt aussieht.

Blainville [3]) beschreibt von dieser Gattung nur eine Art, L. ostrearium, die auf Austern im Canal la Manche vorkommt.

Subordo II. Nemertinea anopla Max Schultze.

Im Rüssel fehlt der stacheltragende Apparat.

Familia 2. Rhochmocephalidae.

Die **Kopfspalten** sind lang und nehmen die ganze Seite oder doch den vorderen Theil derselben des Kopfes ein. Am **Gehirn** deckt das obere Ganglion das untere völlig und die **Seitennerven** entspringen aus den Seiten der unteren Ganglien vor deren hinteren, zugespitzten Enden.

---

1) a. a. O. Nr. 15. Micrura. Tab. IV. Fig. IV. und Nr. 25. Tetrastemma. Tab. V. Fig. III.

2) πρόσω vorn und ῥωχμός Spalte.

3) Art. Vers, in Dictionnaire des Sciences naturelles. Vol. 57. Paris 1828. 8. p. 576. 577.

a. Rhochmocephaliden ohne Lappenbildung vorn am Kopf.

7. Lineus *Sowerby* 1804.

Kopf deutlich vom Körper abgesetzt, etwas verbreitert. Meistens ohne Augen. Kopfspalten bis zur Höhe des Mundes. Körper hinten allmählich zugespitzt, platt, sehr lang und äusserst contractil, gewöhnlich verknäult.

Als die typische Form in dieser Gattung betrachte ich den Sea longworm des *Borlase*[1]), welches überhaupt das erste beschriebene Thier aus der Ordnung der Nemertinen ist. *Sowerby*[2]) nannte es Lineus longissimus und diesem Namen muss man die Priorität lassen, wenn er auch wenigen Eingang fand, da *Oken*[3]) 1815 dasselbe Thier Borlasia angliae und *Cuvier*[4]) 1817 dasselbe Nemertes Borlasii nannte. Ich behalte desshalb den *Sowerby*'schen Namen bei und verwende die von *Oken* und *Cuvier* gegebenen Gattungsnamen in anderer Weise, indem ich *Ehrenberg's*[5]) Gründe gegen die Namen Lineus und Borlasia für ganz unbegründet halte.

8. Cerebratulus *Renieri* 1807.

Kopf nicht vom Körper abgesetzt, etwas verschmälert, aber abgestutzt endend. Kopfspalten bis zur Höhe des Mundes. Körper nach hinten nicht verschmälert, platt, von mässiger Länge und geringer Contractilität.

Renieri[6]) beschrieb unter diesem Gattungsnamen einige sehr charakteristische Nemertinen des Mittelmeers, von denen die eine, C. mar-

---

1) *William Borlase* The natural history of Cornwall. Oxford 1758. fol. Die auf unser Thier bezügliche Stelle lautet p. 255, 256: »Fig. XIII, Plate XXVI is the long worm found upon Careg-Killas in Mounts Bay, which though it might properly enough come in among the anguilli-form fishes, which are to succeed in their order, yet I chuse to place here among the less perfect kind of sea-animals. It is brown and slender as a wheaten reed; it measured five feet in lengh (and perhaps not at its full stretch), but is to tender, slimy and soluble that out of the water it will not bear beeing moved without breaking; it had the contractile power to such a degree that it would shrink itself to half its lengh and then extend itself again as before.« Auf der Tafel findet sich neben der Abbildung Sea long worm beigeschrieben.

2) *James Sowerby* British miscellany or coloured figures of new, rare or little known animal Subjects etc. Vol. I. London 1804. 8. p. 15. Tab. VIII.

3) a. a. O.

4) Règne animal, distribué d'après son organisation. Tome IV. Paris 1817. 8. p. 37.

5) a. a. O. Note zu Nr. 30 Nemertes heisst es: »De Nemertis nomine dissentiunt auctores. Alii Borlasiae nomen a clarissimo *Oken* propinatum anteponunt. Equidem Linei et Linariae prima nomina, quorum alterum Familiam, alterum Genus plantarum, cum *Cuviero* et *Blainvillio* rejicienda censeo, Borlasiae vero nomen ea de causa non suscipio, quoniam viro docto ex eo quod ejus nomen vermi alicui saepe taedioso, tanquam genericum tribuitur, nec honos, nec laetitia redit.«

6) *Stef. Andr. Renieri* Tavole per servire alla classificazione e connoscenza degli animali. Padova 1807. fol. Tav. VI.

ginatus, nachher von *Fr. S. Leuckart*[1]) unter dem Namen Meckelia somatotomus von neuem in die Wissenschaft eingeführt wurde. Die Gattung Meckelia fällt daher mit der Gattung Cerebratulus zusammen und
es ist desshalb sehr mit Unrecht, dass *Diesing* den letzten Namen fallen
lässt.

9. Nemertes *Cuvier* (char. reform.).

Kopf nicht vom Körper abgesetzt. Kopfspalten lang, bis zur Höhe
des Mundes. Meistens mit Augen. Körper platt, von mässiger Länge und
Contractilität.

Cuvier hat, wie eben angeführt, unter dem Namen Nemertes den
Sea long-worm des *Borlase* beschrieben, da diesem aber der Name Lineus *Sow.* gebührt, wird *Cuvier's* Name frei und ich gebrauche ihn, da
er ganz allgemeinen Eingang gefunden hat, in einem ähnlichen Sinne,
wie es auch *Oersted* und *Diesing* thun.

Zu unserer Gattung Nemertes gehört auch der von *Huschke*[2]) beschriebene Notospermus drepanensis, für den *Ehrenberg*[3]), da dieser
Gattungsname auf eine unrichtige anatomische Beobachtung hindeutet,
den Namen Notogymnus drepanensis einführen will.

b. Rhochmocephaliden mit Lappenbildung vorn am Kopf.

10. Ophiocephalus[4]) *delle Chiaje* 1829.

Kopf vom Körper abgesetzt, ein wenig verschmälert, aber abgestutzt
endend und vorn in der Medianlinie mit einer von der Rückenseite auf
die Bauchseite laufenden Furche, so dass der Kopf dadurch zweilappig
erscheint. Kopffurchen lang, bis zur Höhe des Mundes reichend. Keine
Augen. Körper lang.

Unter diesem Namen bildet *delle Chiaje*[5]) eine Nemertine ab, an deren Kopf man sogleich die vier kreuzweis gestellten Kopfspalten bemerkt.
Grube[6]), der diese Gattung genauer, obwohl in einer andern Art wie *delle
Chiaje* beobachtete, giebt jedoch an, dass die Furchen in der Medianebene
ganz gewöhnliche Einsenkungen der Haut seien, welche auch so tief werden
könnten, dass sie die ganze Dicke des Kopfes durchsetzten. Nur eine genaue mikroskopische Untersuchung kann bestimmen, ob wir es hier mit

---

1) Breves animalium quorundam maxima ex parte marinorum Descriptiones.
Heidelbergae 1828. 4. p. 17.

2) Beschreibung und Anatomie eines neuen in Sicilien gefundenen Meerwurms,
Notospermus drepanensis, in *Oken's* Isis. Bd. 32. Jahrg. 1830. p. 681—683. Taf. VII.
Fig. 1—6.

3) a. a. O. Nr. 31 und Note.

4) *Bloch* hat schon 1801 mit dem Namen Ophicephalus einen Fisch bezeichnet.

5) Memorie sulle storia e notomia degli animali senza vertebre del Regno di Napoli. Vol. IV. Napoli 1829. 4. p. 204. Tav. 62. Fig. 6, 7 und 13.

6) Bemerkungen über einige Helminthen und Meerwürmer, in Archiv für Naturgeschichte. Jahrg. 21. 1855. p. 149. Taf. VII. Fig. 2.

vier wirklichen Kopfspalten zu thun haben oder nur mit den zwei seitlichen Kopfspalten dieser Familie und zwei Furchen: im ersteren Falle
würde diese Gattung dann den Typus einer eignen Familie bilden.

Blainville[1]) beschreibt eine Gattung Ophiocephalus, welche *Quoy*
und *Gaimard* von Australien aus aufgestellt hatten, später bemerken aber
diese beiden Reisenden[2]), dass ihre damals provisorisch aufgestellte Gattung mit andern bereits bekannten zusammenfällt und lassen daher diesen Gattungsnamen ganz fallen.

Familia 3. Gymnocephalidae.

Die Kopfspalten fehlen ganz. Das Gehirn ist ähnlich dem der
Poliaden, aber die oberen Ganglien decken die unteren noch viel weniger; die Seitennerven entstehen aus der ganzen hinteren Seite der
unteren Ganglien, als eine allmähliche Verjüngung derselben.

11. Cephalothrix *Oersted* 1844.

Kopf nicht vom Körper abgesetzt, sehr lang und zugespitzt. Der
Mund liegt viele Kopfbreiten vom Vorderende entfernt. Körper drehrund,
sehr lang, fadenförmig und äusserst contractil.

Von dieser sehr charakteristischen, von *Oersted*[3]) aufgestellten Gattung werden im zweiten Abschnitt zwei neue Arten beschrieben.

In der Bildung des Gehirns nähert sich diese bisher einzige Gattung
der Familie Gymnocephalidae sehr den Tremacephaliden, da aber der
Rüssel unbewehrt ist und ich von Kopfspalten keine Spur finden konnte,
muss man sie zu einer eignen Familie erheben, von der vielleicht später
noch andere Glieder entdeckt werden.

B. Beschreibung der beobachteten Arten.

1. Borlasia mandilla.
Taf. V, Fig. 1—7.

Polia mandilla *Quatrefages*, in Ann. des Sc. nat. Zoolog. [3.] VI. 1846. p. 203. 204.

Im ausgestreckten Zustande ist der Kopf deutlich vom Körper geschieden und hat im Ganzen eine ovale Form. Das Thier ist sehr platt
gedrückt und endet vorn und hinten gleich abgestutzt. Der Kopf trägt
zahlreiche Augen von ungleicher Grösse, die gewöhnlich in vier Haufen
zusammenstehen, von denen die beiden vorderen Haufen die Augen aber
bisweilen in einer oder zwei regelmässigen Reihen geordnet enthalten.

Die Kopfspalten liegen zwischen den vorderen und hinteren
Augenhaufen und erscheinen an der Unterseite als etwa ein Viertel der
Breite des Kopfes lange quere, wenig tiefe Spalten, die an der Oberseite

1) Art. Vers, in Diction. des Scienc. nat. Tome 57. Paris 1828. 8. p. 574.
2) *Dumont d'Urville* Voyage de la corvette l'Astrolabe. Zoologie par *Quoy* et *Gaimard*. Vol. IV. Paris 1833. 8. p. 285.
3) a. a. O. p. 81.

sich nur als kleine Einschnitte an der Seite des Kopfes zeigen. Inwendig sitzt an ihnen das ei- oder birnförmige S e i t e n o r g a n , das durch einen langen geschlängelten Faden mit dem Gehirn in Verbindung steht.

Das G e h i r n ist röthlich und liegt an der Grenze zwischen Kopf und Körper. Es besteht jederseits aus einer querovalen oberen Masse, die sich durch eine dünne über den Rüssel verlaufende Rückencommissur verbinden, und einer grösseren untern Masse, die den Seitennervenstrang abgiebt und unter dem Rüssel durch die breite Bauchcommissur mit der der anderen Seite in Zusammenhang steht. Die obere Masse giebt nach vorn einen dicken Nerven ab, der aber nicht weit verfolgt werden konnte.

Der M u n d liegt unter den Commissuren des Gehirns und der Darm zeigt gleich von vorn an tiefe Seitentaschen.

Die Bewaffnung des R ü s s e l s besteht aus dem grösseren Hauptstilet und aus mehreren in zwei Seitentaschen aufbewahrten kleineren Nebenstacheln. Innen ist der Rüssel mit zahlreichen kegelförmigen Papillen besetzt, die an der Seite fein blattförmig eingeschnitten oder gelappt sind.

Das Thier sieht im Ganzen weisslich oder blass röthlich aus, die Darmtaschen sind aber grau, und wenn sie sehr ausgedehnt sind, so wird die Farbe des Thiers besonders an der Unterseite mehr graulich.

Die meisten Exemplare waren etwa 30 mm. lang und dann an 4 mm. breit, doch kamen auch 60 mm. lange Exemplare vor, aber stets war im ausgestreckten Zustande die Breite etwas mehr als ein Zehntel der Länge. Die Bewegungen dieser Thiere sind rasch und sie können sich sehr contrahiren, bei starker Reizung fast bis zu einem rundlichen Klumpen.

Sehr häufig bei St. Vaast la Hougue unter den Steinen, oben am Ebbestrande.

2. Borlasia splendida sp. n.
Taf. V, Fig. 10—18.

Der Körper ist ganz platt und endet vorn und hinten zugespitzt; der Kopf ist nicht durch eine Einschnürung vom Körper gesondert. Vorn befinden sich zahlreiche A u g e n, die im Allgemeinen jederseits in zwei hinter einander liegenden Reihen stehen, von denen die beiden lateralen Reihen aber vorn unregelmässig sind und sich zu einem Haufen grosser und kleiner Augen umbilden.

Die K o p f s p a l t e n liegen an den Seiten des Körpers in gleicher Linie mit dem Gehirn und ziemlich weit hinter den Augen und haben einen besonderen Bau. In einer nach oben und unten dreieckig auslaufenden Einsenkung auf der Seite des Körpers befindet sich hinten eine Querrille, die sich an der Unterseite des Kopfes noch ausserhalb der Einsenkung ziemlich weit nach der Medianlinie hin fortsetzt, auf diese Querrille laufen, ebenfalls in dieser Einsenkung, von vorn nach hinten acht Längsrillen zu, die nach oben und unten, entsprechend der Form der

Einsenkung, kürzer werden. Die S e i t e n o r g a n e sind oval oder fast
viereckig und da das Gehirn mit ihnen in gleicher Linie liegt, sind die
Verbindungsfäden mit ihm nur kurz.

Das G e h i r n besteht aus den beiden bekannten Abtheilungen und
die Seitennerven geben zahlreiche Queräste ab, die wenig weit verfolgt
werden konnten. Von der oberen Masse des Gehirns strahlen mächtige
Nerven aus, die jedes Auge mit einem Bündel versehen und zunächst
jederseits in zwei Aeste gesondert sind, entsprechend den beiden Seiten-
reihen der Augen. Die Bauchcommissur giebt jederseits ein paar Zweige
zu dem Rüssel.

Der M u n d liegt etwas hinter den Commissuren des Gehirns und am
Darm beginnen gleich die tiefen Seitentaschen.

Die Bewaffnung des R ü s s e l s besteht aus einem grossen Hauptstilet
und aus vielen kleinen stumpfkegeligen Nebenstacheln, die in 8—10
Seitentaschen gebildet werden. Innen ist der Rüssel mit hohen Papillen
bedeckt, die an ihrer Spitze ovale Körper, oft auf langen Stielen tragen,
und die an der Seite, die bei ausgestülptem Rüssel nach hinten sieht, mit
feinen Zacken besetzt sind.

Das B l u t ist roth wie Menschenblut und die Farbe haftet an den
zahlreichen 0,01—0,018 mm. grossen Blutkörpern. Die Seitengefässe
sind mit dem Rückengefäss durch zahlreiche, etwa 0,4 mm. von einander
abstehende Quergefässe verbunden, die Raum für drei bis vier Blutkörper neben einander haben und so fast ein capillares Gefässsystem bilden,
was, wie ich glaube, noch bei keiner andern Nemertine beobachtet ist.

Das Thier ist auf dem Rücken lebhaft fuchsbraun, mit fünf weissen
Längsstreifen, die Bauchseite ist weisslich bis sanft rosa und diese Farbe
setzt sich jederseits auf den Rücken hin fort, sodass dort neben der leb-
haften braunen Farbe auf jeder Seite ein breiter Streif von der Färbung
der Bauchseite liegt.

Das Thier ist wenig contractil, kann sich aber rasch fortbewegen
und sondert aus der mit sehr kurzen schwachen Cilien besetzten Haut
viel zähen und klaren Schleim ab.

Ich erhielt von dieser prächtigen Nemertine nur zwei Exemplare,
welche ich in St. Vaast la Hougue auf frisch gefangenen Austern fand.
Das grössere hatte die angegebene Färbung und war 40—50 mm. lang
und in der Mitte 4 mm. breit, das zweite Exemplar war nur halb so
gross, steckte in einer leeren Serpularöhre auf der Auster und zeigte
eine lebhafte rosa Farbe, wo das erstere fuchsbraun aussah.

3. O e r s t e d i a p a l l i d a sp. n.

Taf. V. Fig. 8 und 9.

Der Kopf ist nicht oder kaum vom Körper gesondert, und vorn und
hinten endet das Thier gleich abgestutzt. Augen fehlen.

Die K o p f s p a l t e n sind rundliche Einsenkungen an den Seiten, etwa zweimal so weit vom Vorderende entfernt, als der Kopf breit ist, und etwas vor dem Gehirne gelegen. Die Seitenorgane sind klein und enden verschmälert am Gehirne.

Das Gehirn ist gross und besteht aus den beiden bekannten Abtheilungen; die obere giebt nach vorn einen starken Nervenzweig und die untere trägt dicht vor dem Ursprunge der Seitennerven zwei Otolithenblasen, die bisher bei Nemertinen noch nicht gefunden waren. Von den Commissuren des Gehirns beobachtete ich nur die der unteren Hirnmasse. Die Seitennerven verlaufen entfernt von den Seiten des Körpers, wie ich es sonst bei keiner von mir beobachteten Nemertine fand und wie es *Quatrefages* als bezeichnend für seine Gattung Oerstedia angiebt.

Der Mund liegt unter dem Gehirn, und erst eine Strecke weit hinter ihm erreicht der Darm seine gewohnte Weite, sodass man diesen dünneren Theil als Schlund vom Darm unterscheiden kann.

Die Bewaffnung des Rüssels besteht aus einem Hauptstilet und aus zahlreichen kleineren, in zwei Seitentaschen eingeschlossenen Nebenstacheln. Die Papillen im Rüssel zeigen dieselbe Form und Beschaffenheit, wie es bei B. mandilla angegeben ist.

Das einzige Exemplar dieser Art, das ich in St. Vaast mit B. mandilla zusammen fand, war nur 5 mm. lang und 0,2 — 0,3 mm. breit, durchsichtig oder weiss und war sicher noch unausgewachsen, da der Rüssel ganz gerade im Körper verlief, und sein Ansatz im Innern noch ganz nahe am Hinterende des Thieres sich befand und der Darm noch keine Seitentaschen zeigte, sondern als ein einfacher Schlauch durch den Körper lief. Ausserdem trug die äussere Haut zwischen dem dichten Cilienkleide haufenweis grosse Cilien, die vielleicht mit dem Alter verloren gehen, indem ich bei kleinen Exemplaren von B. mandilla auch solche grosse Cilien fand, die bei den erwachsenen Thieren nicht mehr existirten.

Für die beiden aus Sicilien stammenden Nemertinen, aus denen *Quatrefages*[1]) seine Gattung Oerstedia bildet, lautet die Diagnose: „duobus restibus nervosis longitudinalibus sublateralibus; ore (i. e. proboscide) terminali; corpore cylindrico". Beide Arten haben bewaffneten Rüssel und am Kopf keine Seitenspalten. Die eben beschriebene Art dürfte demnach zu dieser Gattung gehören, obwohl ihr Körper nicht cylindrisch, aber auch nicht besonders plattgedrückt war: nur die Jugend des beobachteten Exemplars lässt diese Bestimmung noch zweifelhaft erscheinen.

4. Prosorhochmus Claparèdii gen. et sp. n.
Taf. VI. Fig 1—5.

Der Kopf ist nicht vom Körper geschieden. Das Thier ist wenig contractil und wenig plattgedrückt, mindestens halb so dick als breit

1) Annales des Sciences naturelles. Zoologie. [3.] VI. 1846. p. 221.

und endet hinten verschmälert, aber abgestutzt. Die vordere abgestutzte Seite des Kopfes ist zweilappig, umgekehrt herzförmig und an der Rückenseite trägt er etwas hinter dem Vorderende einen dritten Querlappen. Auf die Anwesenheit dieser drei Lappen gründet sich dies neue Genus, das sonst im Bau mit Borlasia zusammenfällt. Der Kopf trägt bei erwachsenen Exemplaren vier im Trapez stehende Augen, von denen die beiden hinteren kleiner als die vorderen sind, aber oft weiter, oft näher zusammenstehen, wie diese.

Die Kopfspalten sind rundliche Einsenkungen an den Seiten, etwa in gleicher Linie mit dem vorderen Augenpaar. An sie setzt sich das zweilappige Seitenorgan, dessen längerer Lappen zum Hirne geht.

Das Gehirn ist röthlich und liegt etwa so weit hinter dem Vorderende, als der Kopf breit ist, und gleich hinter dem hinteren Augenpaare. Es zeigt denselben Bau, wie er oben bei Borlasia mandilla angegeben ist.

Der Mund liegt gleich hinter dem Gehirn und die Seitentaschen des Darms beginnen gleich vorn, sind tief und durch leicht zu beobachtende Fäden an die Körperwand befestigt.

Die Bewaffnung des Rüssels besteht aus einem Hauptstilet und aus in drei Seitentaschen liegenden Nebenstacheln; diese letzteren sind im ausgewachsenen Zustande fast noch einmal so lang, als der Stachel des Stilets und während man in erwachsenen Exemplaren drei Seitentaschen mit solchen Stacheln beobachtete, zeigten die jungen Exemplare von ein paar Millimeter Länge stets nur zwei. — Im Rüssel befinden sich ebensolche Papillen wie bei Borlasia mandilla.

Die Leibeshöhle des Thieres enthielt zahlreiche Junge von 0,3—8,0 mm. Länge, dagegen fand ich keine Geschlechtsproducte. Ein ähnliches Verhalten beobachtete bereits *Max Schultze*[1]) bei seinem Tetrastemma obscurum, auch da war die Leibeshöhle mit Jungen gefüllt, während von Eiern nichts entdeckt werden konnte.

Das Thier hat eine schön orange Farbe, die Magentaschen sind bräunlich und an der Bauchseite ist die Farbe desshalb mehr braun als orange. Die Contractilität ist gering und die Bewegungen hatten etwas Starres, was vielleicht von den vielen Jungen, welche die Leibeshöhle anfüllten, herrührte. Die äussere Haut sondert viel gelben zähen Schleim ab.

Ich fand von dieser merkwürdigen Nemertine, die ich nach meinem Freunde Dr. Claparède in Genf benenne, nur zwei etwa 20 mm. lange Exemplare bei St. Vaast la Hougue unter Steinen am tieferen Ebbestrande.

Die neue Gattung Prosorhochmus (siehe oben p. 55) hat einige Aehnlichkeit mit der von *Blainville*[2]) auch von den Küsten des Canals be-

---

1) Beiträge zur Naturgeschichte der Turbellarien. Erste Abtheilung. Greifswald 1861. 4. p. 62.

2) Article Vers, im Dictionnaire des Sciences naturelles. Vol. 57. Paris 1828. 8. p. 576. 577.

schriebenen Lobilabrum, bei welcher der Kopf ebenfalls zwei horizontale Querlappen zeigt, von denen aber jeder herzförmig gelappt ist und zwar der obere viel tiefer als der untere.

5. Nemertes octoculata sp. n.
Taf. VII. Fig. 1 und 2.

Der Kopf ist nicht vom Körper geschieden und das Thier ist sehr platt gedrückt und endet vorn etwas weniger abgestumpft als hinten. Vorn am Kopf stehen jederseits in einer geraden Linie vier gleich grosse Augen.

Die Kopfspalten nehmen die ganzen Seiten des Kopfes ein und sind über doppelt so lang, als der Kopf breit ist. Sie beginnen ganz vorn fast an der Spitze, und dort befinden sich am Anfange des unteren Lappens zwei ganz kleine Papillen. Die Kopfspalten enden in der Höhe des Gehirns etwas erweitert und dort setzt sich das tief ausgehöhlte, fast uhrglasförmige Seitenorgan an, das durch einen kurzen Verbindungsstrang mit der Unterseite des Gehirns in Zusammenhang steht.

Das Gehirn ist gross und schimmert röthlich durch die Leibeswand; es besteht jederseits aus zwei Abtheilungen, einer oberen und einer unteren, die obere ist weit nach hinten verlängert und überragt dort die untere, vorn verbindet eine schmale Rückencommissur die oberen Massen beider Seiten. Die untere Masse endet hinten etwas verschmälert und noch vor dem Ende der oberen Masse und giebt schon vor ihrer Spitze den Seitennerven ab; die Bauchcommissur ist etwa noch einmal so breit als die des Rückens.

Der Mund liegt fast eine Körperbreite hinter dem Ende des Gehirns, und der Darm beginnt gleich in voller Breite, hat aber im ganzen Verlaufe nur wenig tiefe Seitentaschen.

Der Rüssel ist unbewaffnet, und über wahrscheinlich vorhandene Papillen in seinem ausstülpbaren Theile habe ich nichts aufgezeichnet.

Das Thier, von dem ich oft 80 mm. lange Exemplare fand, sieht meistens olivengrün aus, die Oberseite etwas dunkler als die Unterseite und das Vorderende im ziemlichen Umkreise um das Gehirn mit röthlichem Schimmer.

Bei St. Vaast la Hougue am Ebbestrande unter Steinen, nicht selten.

6. Cephalothrix ocellata sp. n.
Taf. VI. Fig. 11 16.

Der Kopf ist gar nicht vom Körper abgesetzt und endet vorn nur ein wenig verschmälert. Das Thier ist im Ganzen drehrund, in der Mitte am dicksten, nach beiden Enden etwas verjüngt. Ganz vorn am Kopf befindet sich auf der Rückenseite eine röthliche Färbung, in welcher man einige grössere Augenflecke unterscheiden kann.

Kopfspalten und Seitenorgane fehlen.

Das Gehirn liegt etwa um die dreifache Kopfbreite vom Vorderende entfernt und zeigt einen ähnlichen Bau wie das Gehirn der Tremacephaliden. Die obere Masse liegt fast ganz vor der unteren und giebt vorn einen grossen Nerven ab, die untere Masse verjüngt sich allmählich zum Seitennerven und die Bauchcommissur ist mindestens noch einmal so breit wie die Rückencommissur.

Der Mund liegt weit hinter dem Gehirne, etwa sieben Kopfbreiten vom Vorderende entfernt. Der Darm beginnt gleich in voller Breite, er scheint nur dort Seitentaschen zu haben, wo sich neben ihm Eiersäcke entwickeln und zeichnet sich durch eine besonders lebhafte Wimperung im Innern aus.

Der Rüssel ist nicht bewaffnet und der ausstülpbare Theil ist mit hohen steifen Papillen besetzt, deren Ende sich meistens in zwei oder drei hakig umgebogenen Spitzen zertheilt.

In der Leibeshöhle befanden sich zahlreiche Eier, in der Mitte des Körpers lagen jederseits 2—4 Eier zusammen, mehr nach den Enden zu bildeten sie jederseits nur eine Reihe und ziemlich weit von diesen noch entfernt hörten sie ganz auf. Die Eier, welche im reifen Zustande etwa 0,15 mm. gross sind, mit 0,037 mm. grossen Keimbläschen, entstehen in Schläuchen, welche sich zwischen die Darmtaschen schieben. In den Wänden dieser Schläuche, die im jungen Zustande recht dick sind, scheinen die Eier zu entstehen und dann in den Hohlraum derselben zu gelangen. Jeder dieser Eierschläuche scheint sich mit einem Ausführungsgange durch die Körperwand nach aussen zu öffnen, denn wenn man das Thier mit dem Deckglase etwas drückte, kamen die Eier an den Seiten des Körpers in einzelnen Haufen heraus und lagen noch ebenso in Gruppen vereint ausserhalb des Körpers, wie sie früher in ihm geordnet gewesen waren.

In der äusseren Haut liegen neben den wenig ausgebildeten Schleimdrüsen zahlreiche kleine Krystalle, die bei auffallendem Lichte lebhaft glänzen, die Form von Arragonit haben und bei Zusatz von Essigsäure sich von aussen nach innen auflösen und sich mit einer röthlich schimmernden Luftblase umgeben, sodass man sie für aus kohlensaurem Kalke bestehend ansehen darf.

Das Thier ist im ausgestreckten Zustande 100 mm. und mehr lang, dann 0,5 mm. breit und ziemlich plattgedrückt, gewöhnlich aber hat es nur 15—20 mm. Länge bei 1—2 mm. Dicke und ist dann fast drehrund und da im ersten Zustande die Farbe ein gelbliches Grau ist, erscheint sie in der Contraction des Thieres mehr gelblich braun. Das Vorderende ist röthlich.

Bei St. Vaast la Hougue am tiefen Ebbestrande unter Steinen, ziemlich selten.

7. Cephalothrix longissima sp. n.

Taf. VI. Fig. 6—10.

Der Kopf ist nicht vom Körper geschieden, er endet vorn etwas verjüngt, aber abgestutzt, und trägt dort einen kleinen schmalen Lappen, der sich besonders durch höchst feine und kurze Cilien auszeichnet. Die äussere Haut ist vorn am Kopfe sehr verdickt, enthält dort keine der sonst zahlreichen Schleimdrüsen, sondern ist fein quergestreift und sieht aus, als wenn sie aus feinen neben einander stehenden Stäbchen zusammengesetzt wäre. Im Ganzen ist das Thier nach vorn und hinten etwas verjüngt und ziemlich drehrund.

Augen und Kopfspalten fehlen, auch ein in gewöhnlicher Weise ausgebildetes Seitenorgan scheint zu mangeln, aber vorn im Kopfe vom Hirn bis zur Spitze liegen neben einander zwei ovale, vorn zugespitzte Körper, die nur dem Rüssel zwischen sich den Durchtritt gestatten, sonst aber den Kopf dort ganz ausfüllen, die vielleicht mit den Seitenorganen der übrigen Nemertinen verglichen werden könnten. Doch habe ich in diesen grossen Körpern keine Structur und keinen Zusammenhang mit der Aussenwelt bemerken können, jedoch schien sich wenigstens einer der beiden grossen Nerven, die jederseits am Hirn entspringen, in sie einzusenken. Diese beiden Massen liegen an derselben Stelle, wo sich sonst im Kopfe eine Verdickung der Muskulatur zu zeigen pflegt, und es ist möglich, dass sie nichts als eine Muskelmasse sind.

Das Gehirn liegt etwa drei Kopfbreiten von der Spitze des Kopfes entfernt und hat denselben Bau, wie er bei der vorhergehenden Art angegeben ist, nur mit dem Unterschiede, dass aus den beiden oberen Massen jederseits zwei grosse Nerven hervorkommen, von denen die beiden medianen viel weiter nach vorn zu verfolgen waren, als die beiden lateralen.

Der Mund liegt etwa zehn Kopfbreiten vom Vorderende entfernt, der Darm beginnt gleich in voller Breite, die Seitentaschen zeigen sich aber erst weiter hinten, wo sich Geschlechtsorgane entwickeln, und scheinen, wenn diese nicht ausgebildet sind, zu fehlen.

Der Rüssel ist nicht bewaffnet und enthält in seinem ausstülpbaren Theile einfach kegelförmige Papillen, deren feineren Bau ich jedoch nicht beobachtet habe.

Im mittleren Theile des Körpers entwickeln sich die Geschlechtsorgane: Schläuche, in denen entweder Eier oder Samenfäden entstehen. Die Zoospermien sind im Seewasser sehr lebendig, sie haben einen 0,004 mm. grossen, etwa kreiselförmigen Kopf und einen dünnen langen Schwanz.

Vom Gefässsysteme habe ich nur die beiden Seitengefässe beobachtet.

Das Thier ist mindestens 200 bis 300 mm. lang, kann sich aber sehr

contrahiren und rollt sich dabei meistens zu einem Kegel zusammen wie
ein Tubifex, gewöhnlich aber befindet es sich in sehr ausgestrecktem Zustande an der Unterseite von Steinen am Ebbestrande und bildet dort ein
verworrenes grossmaschiges Netzwerk von höchstens einen halben Millimeter breiten Fäden. Es sondert aus den zahlreichen Drüsen in der äusseren Haut einen zähen Schleim ziemlich reichlich ab, durch den es
überall anklebt. Seine Farbe ist ein helles gelbliches Grau.

Bei St. Vaast la Hougue unter Steinen am tieferen Ebbestrande,
ziemlich selten.

C. Anatomischer Bau.

In diesem Abschnitte gebe ich eine Darstellung des anatomischen
Baues der Nemertinen, wie ich denselben besonders an den vorher beschriebenen Arten beobachtet habe und betrachte hier nach einander die
äussere Haut, die Muskulatur, die Leibeshöhle, den Darmcanal, den Rüssel,
das Nervensystem, die Kopfspalten und die Seitenorgane, die Sinnesorgane,
das Gefässsystem, die Geschlechtsorgane, die Entwicklung. In jedem dieser Capitel werden zugleich geschichtlich die Ansichten angeführt, die man
über die betreffenden Organe bereits aufgestellt hat, was bei dieser Thierclasse von einem besonderen Interesse ist, indem hier, wie sonst kaum,
die Deutungen der anatomischen Befunde auseinandergehen.

1. Aeussere Haut.

Die äussere Haut besteht aus zwei Lagen, zu aussen aus einer Cuticula, welche die Cilien trägt, und nach innen aus einer dicken Schicht
einer feinkörnigen Substanz.

Man ist geneigt anzunehmen, dass die feinkörnige Schicht aus
Zellen zusammengesetzt sei, welche die äussere Cuticula absonderten,
allein von bestimmten zelligen Bildungen habe ich nichts gefunden und
ein Zusatz von Essigsäure machte diese Schicht stets noch gleichmässiger.
In dieser Schicht liegt das Pigment, das die meisten Nemertinen färbt
und ihnen oft ein dunkles, fast schwarzes oder glänzend gefärbtes Aussehen giebt. Dies Pigment besteht aus feinen Körnchen und ist bisweilen,
wie z. B. bei Nemertes olivacea, Cerebratulus marginatus (Taf. VII. Fig.
3 und 4 p) u. s. w., auf den innersten Theil dieser Schicht beschränkt,
meistens aber ziemlich gleichmässig in ihr vertheilt.

Bei den meisten Nemertinen bilden die Schleimdrüsen den
grössten Theil der feinkörnigen Hautschicht, bei den grösseren Arten aber
(Taf. VII. Fig. 3. 4.) liegen sie nur in der äussersten Schicht, während die
innere das Pigment enthält. Diese Drüsen sind meistens ovale, oft auch
gelappte dünnhäutige Körper, aus denen bei Reizung des Thieres ein
glasheller oder auch gefärbter Schleim oft in sehr grosser Masse ausfliesst.
Sie scheinen nach aussen zu münden, doch habe ich keine Canäle be-

merken können, welche die Cuticula durchsetzten. Gewöhnlich bilden
diese Drüsen nur eine Reihe, zunächst unter der Cuticula, bisweilen
aber, wie z. B. bei Borlasia mandilla, liegen mehrere Reihen hinter einander und es wird zweifelhaft, ob alle direct nach aussen sich öffnen.

Bei Cephalothrix ocellata (Taf. VI. Fig. 14. 15.) liegen in dieser feinkörnigen Hautschicht zwischen den Schleimdrüsen und dem spärlichen
Pigment zahlreiche 0,003—0,008 mm. lange Krystalle, welche die Form
des Arragonits haben und sich wie dieser in Essigsäure unter Gasent-
wicklung auflösen.

Bisweilen ist diese feinkörnige Schicht vorn am Kopfe besonders ver-
dickt, wie bei Cephalothrix longissima (Taf. VI. Fig. 7—9.), enthält keine
Schleimdrüsen, sondern scheint aus feinen neben einander liegenden
Stäbchen zu bestehen, sodass man unwillkürlich an eine Function als
Tastorgan denkt.

An der Cuticula (Taf. VI. Fig. 14 c.) habe ich keine weitere Structur wahrgenommen; sie erscheint als eine gleichmässige Schicht, aus der
die Cilien herauswachsen. Die Cilien sind sehr verschieden ausgebildet,
bei einigen Arten stehen sie dicht und sind sehr lang und ihre Bewegungen fallen sofort in die Augen, bei anderen, z. B. bei Borlasia splendida,
sind sie kurz und spärlich und man hat Mühe, sie zu erkennen. Bisweilen kommen zwischen diesen Cilien, welche ganz gleichmässig den Körper bedecken, einzelne grössere, oft geisselartig verlängerte vor, die in
Haufen zusammen, meistens an bestimmten Stellen, wie vorn am Kopf
u. s. w., stehen. So sah ich es bei Oerstedia pallida (Taf. V. Fig. 8.)
und bei Borlasia mandilla (Taf. V. Fig. 1.), stets aber waren die Exemplare noch jung, und es scheint nicht unwahrscheinlich, dass sie beim
Heranwachsen verschwinden.

2. Muskulatur.

Unmittelbar unter der äusseren Haut liegt eine die ganze Körperhöhle umhüllende Schicht von Muskeln. *Quatrefages*[1]) beschreibt allerdings zwischen beiden noch eine fibröse Schicht, bei den von mir beobachteten Arten konnte ich eine solche nicht erkennen, aber es ist möglich, dass sie nur bei den sehr grossen Arten (*Quatrefages*' Angabe bezieht
sich zunächst auf den Lineus longissimus s. Borlasia anglica) deutlich
hervortritt.

Bei weitem die meisten Muskelfasern der Muskelschicht verlaufen in
der Längsrichtung und sind bei den kleineren Arten, mit Ausnahme des
Kopfes, fast die einzigen, bei den grösseren Arten aber — mir liegen die
Beobachtungen von Cerebratulus marginatus vor — ist die Körpermuskulatur viel complicirter. Hier (Taf. VII. Fig. 3. 4.) wird die Körperhöhle von
einer Schicht Längsmuskeln begrenzt, darauf folgt eine starke Lage Ring-

1) a. a. O. Ann. Scienc. nat. [3.] VI. 1846. p. 231. Pl. 13. Fig. 1 a.

muskeln, dann die mächtigste Schicht der Längsmuskeln und endlich
gleich unter dem Pigment wieder eine feine Lage von Ringmuskeln : wir
haben also zwei Schichten Ringmuskeln und zwei Schichten Längsmuskeln und dahinzu kommen noch viele und mächtige Radialfasern, die
besonders an den Seiten des Körpers ausgebildet sind und die ganze
übrige Muskulatur durchsetzen. *Delle Chiaje*[1]) und *Rathke*[2]) beschreiben
nur zwei Muskellagen und zwar eine äussere Ringfaserschicht und innere
Längsmuskeln, während *Quatrefages*[3]) und *Frey* und *Leuckart*[4]) die Längsfasern als aussen, die Ringfasern als innen liegend angeben ; es ist nach
der obigen Beschreibung klar, dass beide Angaben richtig sein können,
je nachdem die eine oder die andere der vier Schichten schwindet, aber
die äusseren Ringmuskeln sind stets sehr unbedeutend.

Im soliden Kopfe ist diese Muskulatur am stärksten ausgebildet und
es kommen meistens noch schräg verlaufende Fasern hinzu.

Eine weitere Muskulatur findet sich im Körper nicht, und der Rüssel
wird nicht durch besondere Retractoren, sondern durch die Muskeln, die
in seiner Wand liegen und bei ihm beschrieben werden sollen, zurückgezogen. Ausserdem könnte man hier noch die oft zahlreichen Fäden erwähnen, die den Darm an die Körperwand befestigen und die vielleicht
von mus(kulöser Natur sind.

Was den feineren Bau der Muskeln betrifft, so bestehen sie überall aus feinen bandartigen Längsfasern, an denen Kerne und eine weitere
Structur nicht zu erkennen waren. Bei Borlasia splendida (Taf. V. Fig.
18.) hatten die Muskelfasern des Rüssels 0,004 mm. Breite und erschienen angespannt ganz gerade, während sie in der Erschlaffung zickzack-
artige Biegungen zeigten und zu 0,008 mm. Breite angeschwollen waren.

3. Leibeshöhle.

Die oben beschriebene äussere Bedeckung, welche aus der Körpermuskulatur und der äusseren Haut besteht, schliesst einen grossen Hohlraum ein, die Körperhöhle, welche allerdings von den verschiedenen Or-
ganen fast ausgefüllt wird, nichts desto weniger jedoch stets bestehen
bleibt. Die Eingeweide liegen hier also in einer Körperhöhle, nicht eingebettet in ein Körperparenchym.

Die Anwesenheit der Körperhöhle wird dadurch besonders deutlich,
dass sich in ihr fast stets eine mit körperlichen Elementen versehene
Flüssigkeit befindet, welche wohl bei allen Anneliden vorkommt, bei den

---

1) Memorie sulla storia e notomia degli animali senza vertebre del Regno di Napoli. Volume II. Napoli 1825. 4. p. 407.

2) a. a. O. Neueste Schriften der naturforschenden Gesellschaft in Danzig. Bd.
III. Heft 4. Danzig 1842. 4. p. 95. 96.

3) a. a. O. Ann. Scienc. natur. [3.] VI. 1846. p. 234. 235.

4) a. a. O. Beiträge zur Kenntniss wirbelloser Thiere. Braunschweig 1847. 4.
p. 72.

Nemertinen aber, wie es scheint, zuerst von *Quatrefages*[1]) beschrieben ist.

Diese Körper in der Leibeshöhle sind besonders gross und auffallend bei Borlasia mandilla (Taf. V. Fig. 2.). Es sind da meistens platte schmale, an beiden Enden zugespitzte, Navicula-ähnliche Körper, 0,037—0,074 mm. lang und 0,005—0,007 mm. breit, oft auch grosse vielfach zerschlitzte Blätter. Bei den meisten Arten aber finden sich in der Leibesflüssigkeit nur kleine runde Körperchen und Körnchen.

Durch die Strömungen dieser Körper kann man die Ausdehnung der Leibeshöhle leicht erkennen : auf der Bauchseite existirt sie kaum, da der Darm dort der Körperwand unmittelbar aufliegt, besonders ausgebildet ist sie aber jederseits neben dem Darme, wo sie nur die Darmtaschen und die Befestigungsfäden dieser an die Körperwand einschränken, und an der Rückenseite des Darms, wo in einer tiefen und breiten Längsrille dieses sich der Rüssel schlängelt, die meisten Körper sieht man desshalb neben dem Rüssel fliessen. Gewöhnlich tritt die Leibeshöhle nicht über das Hirn hinaus und der vordere Theil des Kopfes ist ganz solid, wie es schon *Rathke*[2]) angiebt, und wird nur von der mächtig entwickelten Muskulatur ganz ausgefüllt. Nur der Rüssel durchbohrt dann diesen soliden Theil, ist aber schon in der Nähe des Gehirns mit der Körperwand verwachsen und invaginirt sich von hier an bei der Ausstülpung, bei Nemertes octoculata (Taf. VII. Fig. 1.) aber geht die Leibeshöhle ganz bis ins Vorderende und der Ansatz des Rüssels liegt dem entsprechend auch ganz vorn an der Spitze des Körpers.

4. Darmcanal.

Der Darmcanal öffnet sich unter oder hinter dem Gehirne an der Bauchseite mit einem längsovalen, oft wie eine Längsspalte aussehenden Munde und verläuft dann ungeschlängelt durch die Leibeshöhle, bis er im Hinterende, bisweilen dort etwas zur Rückenseite umgebogen, im After ausmündet.

Ich habe schon angeführt, dass der Darm den Bauchtheil der Leibeshöhle fast ganz ausfüllt und auf seiner Rückenfläche eine breite und tiefe Längsrille besitzt, so dass seine Seitentheile viel dicker sind, als sein medianer Theil. Diese dickeren Seitentheile sind zu regelmässigen, meistens tiefen Seitentaschen ausgesackt. Gewöhnlich beginnt der Darm gleich neben dem Munde in voller Breite und zeigt von Anfang an seine Seitentaschen, bisweilen aber folgt auf den Mund erst ein dünnerer Darmtheil ohne Seitentaschen, z. B. bei Oerstedia pallida, und diese beginnen erst da, wo der Darm plötzlich seine volle Breite erreicht, wie es

---

1) a. a. O. Ann. Scienc. natur. [3.] VI. 1846. p. 241. 242. Pl. 11. Fig. 7—10.

2) a. a. O. Neueste Schriften der naturforschenden Gesellschaft in Danzig. Bd. III. Heft 4. Danzig 1842. 4. p. 102.

schon *delle Chiaje*[1]) von seiner Polia sipunculus beschreibt. Den dünneren Anfangstheil kann man dann als eine Speiseröhre vom Darm unterscheiden. Bisweilen sind die Seitentaschen unbedeutend, auch wohl ganz
fehlend, und scheinen nur wenn die Geschlechtsorgane von den Seiten
gegen den Darm wachsen, hervorzutreten.

Der Darmcanal wird durch kernhaltige, oft verzweigte Fäden an die
Körperwände befestigt, welche sich gewöhnlich (Taf. VII. Fig. 3. 4.) in
der Körperwand als radiäre Muskeln fortsetzen. Sie waren besonders in
die Augen fallend bei Prosorochmus Claparèdii (Taf. VI. Fig. 1.), und
auch *Quatrefages*[2]) erwähnt sie von verschiedenen Arten.

Die Wände des Darmcanals bestehen aus einer äusseren structurlosen Haut und einer wahrscheinlich aus Zellen bestehenden feinkörnigen
Belegmasse, die innen die Cilien trägt, welche bei allen Nemertinen die
Innenfläche des Darms auskleiden (Taf. V. Fig. 6.). Diese feinkörnige
Belegmasse ist oft sehr dick und enthält meistens 0,01—0,015 mm.
grosse Blasen, in denen sich ein Fetttropfen oder auch eine gelbe Concre-
tion (Taf. VI. Fig. 4. 5.) befindet; sehr gewöhnlich finden sich in ihr auch
grosse Anhäufungen von Fetttröpfchen.

Van Beneden[3]) fasst den Darmcanal etwas anders auf, als hier ge-
schehen. Nach ihm ist der Darm ganz gerade und ohne Aussackungen,
aber neben ihm liegt jederseits ein besonderes Organ, die Leber, das
wir hier als Darmtaschen bezeichnet haben. Hier scheint jedoch dieser
treffliche Forscher im Irrthume zu sein, und ich habe mich davon überzeugen können, dass die Darmtaschen (Taf. V. Fig. 6.) wirkliche Aussackungen der Darmwand sind, und dass die gelbe Concretionen enthaltenden Zellen ebenso in der Wand der Taschen, als der Einschnürungen
vorkommen. Wenn man also diesen eine Leberfunction zuschreiben will,
ist sie über den ganzen Darm gleichmässig verbreitet.

Fast stets findet man im Darmcanal infusorienartige Wesen, die den
Opalinen und Gregarinen am ähnlichsten sind und schon von *Frey* und
Leuckart[4]), *Kölliker*[5]), *van Beneden*[6]) erwähnt werden. Der Darm von
Nemertes octoculata war ganz angefüllt mit eigenthümlichen Opalinen,
die ich Opalina quadrata nenne, da sich in ihrer Haut in regelmässigen
Reihen quadratische dunklere Flecke befanden.

Die Deutung des hier als Darmcanal beschriebenen Organs ist bei
den verschiedenen Schriftstellern sehr verschieden ausgefallen, allein ich

1) Memorie etc. Vol. II. 1835. p. 407. Tav. 28. Fig. 3.
2) a. a. O. Ann. Scienc. nat. [3.] VI. 1846. Pl. 12. Fig. 1—3.
3) a. a. O. Mémoires Acad. Belgique. Tome XXXII. 1861. p. 27 und 43. 44.
Pl. IV. Fig. 5.
4) a. a. O. Beiträge u. s. w. 1847. p. 76.
5) Beiträge zur Kenntniss niederer Thiere. Gregarina. in Zeitschr. f. wiss. Zool.
I. 1848. p. 1. 2. Taf. I. Fig. 4 b.
6) a. a. O. Mémoire Acad. Belgique. T. XXXII. 1861.

kann diese vielen Abweichungen erst erwähnen, wenn der Rüssel beschrieben ist.

5. Rüssel.

Gewöhnlich öffnet sich der Rüssel vorn in der Spitze des Kopfes, oft ein klein wenig nach der Unterseite zu geneigt, bei der Gattung Valencinia liegt diese Oeffnung eine ziemliche Strecke weit von der Spitze entfernt an der Unterseite.

Man kann am Rüssel (Taf. V. Fig. 3. 4.), der wie ein vielfach geschlängelter Cylinder in der Leibeshöhle liegt, drei hinter einander befindliche Abtheilungen unterscheiden; den ausstülpbaren Theil, der gewöhnlich mit Papillen besetzt ist, den drüsigen Theil und den muskulösen Theil. Im Allgemeinen hat der Rüssel eine Wand, die aus äusseren Ringmuskeln und inneren Längsmuskeln besteht, in der letzten Abtheilung aber schwinden die Ringmuskeln und die Längsmuskeln umschliessen keinen centralen Hohlraum mehr, sondern bilden einen soliden Strang, den man als den m. retractor des Rüssels ansehen kann, obwohl die drüsige Abtheilung ebenfalls durch ihre Längsmuskulatur beim Zurückziehen des Rüssels mitwirkt. Bei Cerebratulus marginatus (Taf. VII. Fig. 5.) kann man, in der vorderen Abtheilung wenigstens, zwei Lagen Ringmuskeln und zwei Lagen Längsmuskeln unterscheiden, und die beiden Ringmuskelschichten stehen an der oberen und unteren Seite, wie es die Abbildung zeigt, durch Schlingen in Verbindung.

Am einfachsten ist der Rüssel in der Ordnung der unbewaffneten Nemertinen gebaut, hier sind die erste und zweite Abtheilung nur durch eine Verdickung der Längsmuskulatur von einander geschieden und sonst die dickere innere Längsmuskelschicht und die dünnere äussere Ringmuskelschicht an beiden Abtheilungen ganz gleichmässig ausgebildet. In dem ausstülpbaren Theile befinden sich wohl stets Papillen, die ich hier aber nicht genauer untersucht habe[1]), und ebenso im drüsigen Theile ein innerer Beleg von grossen, mit schleimartigen Tropfen gefüllten Zellen. Der Retractor besteht nur aus Längsmuskeln und der Hohlraum des Drüsentheils verjüngt sich ganz allmählich in ihm; er setzt sich wohl nie im Hinterende fest, sondern stets ziemlich nahe der Mitte der Körperlänge, aber der Rüssel schlängelt sich durch die ganze Leibeshöhle, soweit sie nur ins Hinterende hineinragt.

In der Ordnung der bewaffneten Nemertinen liegt zwischen der ersten und zweiten Abtheilung des Rüssels noch ein besonderer Apparat,

---

[1]) Max Müller beschreibt aus dem Rüssel einer Meckelia und einer Nemertinenlarve ausgebildete Nesselorgane und stabförmige Körper. Siehe dessen Observationes anatomicae de Vermibus quibusdam marinis. Diss. med. Berolini 1852. 4. p. 28. 29. Tab. II. Fig. 28, und Tab. III. Fig. 13.

welcher die Stacheln trägt und dessen Bau meistens verkannt ist, und welcher zuerst von *Dugès*[1]) in seiner Existenz erwähnt wurde.

Dieser Apparat (Taf. V. Fig. 4.) besteht aus zwei Theilen, dem v o r-d e r e n *a*, welcher als eine blosse Verdickung der Längsmuskulatur der ersten Rüssel-Abtheilung *P* anzusehen ist, die Stacheln in sich entwickelt und häufig pigmentirte und granulirte, drüsig aussehende Stellen *g*, oft in regelmässiger und für die Arten bezeichnender Anordnung enthält, und dem h i n t e r e n *b*, der eine bulbusartige Anschwellung bildet und für ein besonders gebildeter Ausführungsgang gehalten werden muss, der dem im Drüsentheile *D* gebildeten Secret den Abfluss bis neben der Basis des Hauptstilets gestattet. Dieser hintere Theil *b* hat keine Ringmuskeln und die Längsmuskulatur der ersten Rüsselabtheilung *P* endet in ihm; im Innern enthält er einen rundlichen Hohlraum *h*, der nach hinten durch einen cylindrischen Gang *n* mit dem Drüsentheile *D* des Rüssels commu-nicirt, nach vorn aber einen dünnen, spitz auslaufenden Canal *k* durch den vordern Theil *a* schickt, welcher sich neben der Basis des Haupt-stilets öffnet. Dieser so geformte Hohlraum ist von feinen Längsmuskeln *i* ausgekleidet, die nach hinten unmittelbar in die Längsmuskeln des Drü-sentheils übergehen. Die Längsmuskulatur dieses letzteren ist also keine directe Fortsetzung von der des ausstülpbaren Theils, sondern diese beiden Rüsselabtheilungen scheinen nur durch den stilettragenden Apparat an-einander gekuppelt, indem auch die Ringmuskeln beider durch den Theil *b*, welcher ohne diese Muskeln ist, getrennt werden.

Quatrefages[2]), welcher zuerst den Rüssel genauer beschreibt, ihn aber für den Darmcanal hält, fasst unsern stacheltragenden Apparat als den Oesophagus, den Drüsentheil als Darm auf, während der ausstülp-bare Theil ihm als eigentlicher Rüssel gilt. Nach ihm liegt das Hauptstilet nicht in der Axe sondern an der Rückenseite über der Ausmündung des s. g. Oesophagus in den eigentlichen Rüssel. Ich brauche hier nicht aus-zuführen, wie irrthümlich diese Ansicht ist. Erst *Claparède*[3]) hat die fei-neren Verhältnisse des stacheltragenden Apparates richtiger beschrieben, und namentlich den Ausführungscanal *k* des Hohlraums *h* gefunden; aber er ist auf der anderen Seite im Irrthum, wenn er den Hohlraum *h* hinten für geschlossen hält und ihn als »poche de venin« bezeichnet, während dieser nichts weiter ist als der erweiterte Ausführungsgang des grossen Drüsentheiles, welchen *Claparède* als »muscle rétracteur« auffasst. Den

---

1) Aperçu de quelques observations nouvelles sur les Planaires et plusieurs gen-res voisins, in Annales des Sciences naturelles. Tome XXI. Paris 1830. p. 75. Pl. 2. Fig. 5.

2) a. a. O. Ann. Scienc. natur. [3]. VI. 1846. p. 250—255. Pl. 9. Fig. 2.

3) Études anatomiques sur les Annélides, Turbellariés etc. observés dans les Hebrides in Mémoires de la Société de Physique et d'histoire naturelle de Genève Tome XVI. Part. 1. Genève 1861. 4. p. 149. 150. Pl. 5. Fig. 6. (von *Tetrastemma varicolor*).

inneren Hohlraum des Drüsentheiles kennen schon *Frey* und *Leuckart*[1]) und es scheint mir *Milne-Edwards*[2]) die richtige Ansicht auszusprechen, indem er dem Drüsentheile die Eigenschaft zuschreibt eine Flüssigkeit abzusondern, welche beim Angriff mit den Stacheln entleert wird.

In der Mitte des vorderen Theils des stacheltragenden Apparates (Taf. V. Fig. 4.) befindet sich das S t i l e t *c*, ein kegelförmiger an der Basis mit einem Wulst versehener Stachel, der auf einem ovalen grobkörnigen, meistens gelblich aussehenden Handgriff aufsitzt und mit diesem in einem kegelförmig erweiterten Fuss *e* in die Muskulatur eingelassen ist. Wenn dies Stilet ganz zurückgezogen ist, so bildet die innere Haut des Rüssels um den unteren Theil seines Stachels eine sackartige Vertiefung *f*, welche *Quatrefages* (a. a. O.) als »glandes vénéneuses« anführt.

Zur Seite des Stilets befinden sich in der dicken Längsmuskulatur stachelbildende Taschen *d*, meistens zwei, wie z. B. bei Borlasia mandilla, oft auch viele, wie z. B. bei Borlasia splendida. Hier entstehen in runden Blasen Stacheln, welche dem des Stilets ganz ähnlich sind. Man findet häufig in ihnen runde Blasen, die noch keine Anlage des Stachels enthalten und daneben solche in allen Stadien der Entwicklung, wo zuletzt der Stachel die Blase ganz in die Länge dehnt und diese nur an seiner wulstförmigen Basis noch sichtbar bleibt. In diesen stachelbildenden Blasen habe ich einen Zellenkern nie bemerkt. *Max Schultze*[3]) hat diese Entstehung der Stacheln in Blasen zuerst beschrieben, und es nimmt mich Wunder, dass *Claparède*[4]) diese Bildung nie hat beobachten können.

Die stachelbildenden Taschen öffnen sich mit einem weiten Ausführungsgang im Grunde des vorstülpbaren Rüsseltheils, wie es *Claparède*[5]) zuerst mit Bestimmtheit beschreibt, so dass man sie als Einsackungen der inneren Rüsselhaut ansehen darf, und man findet zuweilen im Ausführungsgange reife Stacheln, doch habe ich es nie gesehen, wie *Milne-Edwards*[6]), nach welchem sie »wenn der Rüssel zurückgezogen ist, sich in die Seitentaschen zurückziehen, sodass sie wie in eine Kapsel eingeschlossen erscheinen; aber wenn der Rüssel sich ausstülpt sich aufrichten und an der Oberfläche zeigen«. Es scheint mir diese letztere Angabe schon aus dem Grunde nicht wahrscheinlich, dass die Stacheln nicht in einer Richtung neben einander in den Taschen liegen, sondern ziem-

1) a. a. O. Beiträge u. s. w. 1847. p. 77.
2) Leçons de la Physiologie et l'anatomie comparée. Tome V. Paris 1859. 8. p. 465. Note.
3) Beiträge zur Naturgeschichte der Turbellarien. Greifswald 1851. 4. p. 65. 66. Taf. VI. Fig. 7—10.
4) a. a. O. p. 149.
5) a. a. O. p. 149. Pl. 5. Fig. 6. *d*.
6) a. a. O. p. 464. Note.

lich regelmässig die Spitze nach der Seite kehren, wohin der andere seine
Basis richtet, wie es auch *Oersted*[1]) bereits bemerkt.

Man hat gewöhnlich angenommen, dass diese Stacheln in den Nebentaschen zum Ersatze des Stachels des Hauptstilets dienten und dass wenn
dieser verloren, ein Stachel aus den Nebentaschen auf den alten Handgriff gesetzt würde. Dieser Ansicht hängen *Oersted*[2]), *Quatrefages*[3]), *Max
Schultze*[4]) an und der letztere sieht darin eine Bestätigung dieser Meinung,
dass er den körnigen Handgriff in einem Bläschen entstehen sah, ohne
dass sich dabei ein Stachel auf ihm bildete, den er daher aus den Seitentaschen beziehen zu müssen schien.

Schon *Frey* und *Leuckart*[5]) halten diesen Ersatz des Stachels des
Hauptstilets für unwahrscheinlich und auch *Quatrefages* (a. a. O.) weiss
nicht, wie ein solcher durch die Nebenstacheln vollbracht werden sollte.
Claparède (a. a. O.) hält sogar das umgekehrte Verhalten für das wahr-
scheinlichere, dass nämlich die Stacheln in den Seitentaschen alte vom
Hauptstilet abgefallene seien.

Es scheinen mir im Gegensatz zu diesen Ansichten die Stacheln der
Seitentaschen und der des Stilets in gar keinem genetischen Zusammenhange zu stehen, denn bei einem 3 mm. langen Jungen von Prosorhochmus
Claparèdii sah ich auf dem noch unausgebildeten Handgriffe des Stilets
sich von unten auf den noch ganz blassen und unverkalkten Stachel entwickeln und überdies waren bei dieser Art die Nebenstacheln stets länger,
fast noch einmal so lang, wie der des Stilets. Auf welche Art aber diese
Nebenstacheln in Wirksamkeit treten vermag ich nicht anzugeben.

Die Auffassung des Rüssels ist bei den verschiedenen Schriftstellern
eine sehr verschiedene und seine Deutung ist mit der des Darmcanals
stets Hand in Hand gegangen, so dass man geschichtlich nur beide Organe
zusammen betrachten kann.

Den Rüssel erwähnt zuerst *Otho Fabricius*[6]), aber dieser grosse Forscher bemerkte nicht die Oeffnung in der Spitze des Kopfes, aus welcher
der Rüssel hervorgeschleudert werden kann, sondern lässt ihn durch die
Mundöffnung zu Tage treten. Der eigentliche Darmcanal entging seiner
Aufmerksamkeit und er hielt den hinteren Theil des Rüssels für den Darm
wie *Quatrefages*, erkannte aber richtig den After und lässt in ihm den

---

1) Entwurf einer systematischen Eintheilung und speciellen Beschreibung der
Plattwürmer. Kopenhagen 1848. 8. p. 23.
2) a. a. O. p. 23.
3) a. a. O. p. 264.
4) a. a. O. p. 66.
5) a. a. O. Beiträge u. s. w. 1847. p. 79.
6) In *O. F. Müller* Vermium terrestrium et fluviatilium etc. succincta historia.
Vol. I. Pars 2. Lips. et Havn. 1774. 4. p. 58. 59. und Beskrivelse over 4 lidet bek-
jendte Flad-Orme in Skrivter af Naturhistorie-Selskabet. 4 de Bind. 2 det Hefte.
Kiobenhavn 1798. 8. p. 55 und 61. Tab. XI. Fig. 8.

Rüssel nach aussen münden. *Jens Rathke*[1]) folgte seinem grossen Landsmanne ganz in seiner Auffassungsweise.

Hugh Davies[2]), welcher riesenhafte Exemplare des Lineus longissimus Sow. untersuchte, erkannte bereits richtiger die Organisation, indem er in der Diagnose sagt: »Caput antice emarginatum, proboscidem cylindrico-clavatam exserens. Os inferum, lineare, longitudinale.« *Cuvier*[3]) dagegen verkannte den Bau an derselben Art in merkwürdiger Weise; er bemerkte richtig den Darmcanal mit Mund und After, legte aber diesen die umgekehrte Bedeutung bei, sah ferner den Rüssel nicht weit von dem s. g. After ausmünden und nahm ihn für ein Geschlechtsorgan. Jedoch sah *Cuvier* dies Thier, aus dem er seine Gattung Nemertes bildet, nicht lebend und konnte an Spiritusexemplaren leicht auf seine irrthümliche Auffassung der Körperenden kommen.

Eine völlig richtige Darstellung vom Bau des Darms mit Mund, Darmtaschen, After, und des Rüssels giebt *delle Chiaje*[4]), auch *Blainville*[5]) fasst den Darm mit terminalem After richtig auf, schweigt aber völlig über den Rüssel. Ebenfalls findet bei *F. S. Leuckart*[6]) und bei *Huschke*[7]) der Darmcanal seine ganz richtige Deutung, aber der letztere brachte einen grossen Irrthum dadurch hinein, dass er den Rüssel als den männlichen Geschlechtsapparat deutete, während ihn *Leuckart*[8]) für ein weibliches Geschlechtsorgan ansprach. Diese irrthümliche Deutung des Rüssels ist später besonders durch *Oersted* weiter ausgeführt und verbreitet, *Dugès*[9]) aber machte einen noch grösseren Rückschritt, indem er wie *Fabricius* den Rüssel, dessen Stachelapparat, wie oben angeführt, von ihm zuerst erwähnt wurde, für den Darm nahm, ihn aber, da er den Mund ganz übersah, vorn an der Spitze, wie richtig, ausmünden und ihn hinten sich im After öffnen liess.

1) Iagttagelser henhørende til Indvoldeormenes og Bløddyrenes Naturhistorie in Skrivter af Naturhistorie-Selskabet. 5te Bind. 1ste Hefte. Kiobenhavn 1799. 8. p. 83. Tab. III. Fig. 10.

2) Some Observations on the Sea Long-worm of *Borlase*, Gordius marinus of *Montagu* in Transact. of the Linnean Society of London. Vol. XI. Part. 2. London 1815. p. 292.

3) Règne animal, distribué d'après son organisation. Tome IV. Paris 1817. 8. p. 37.

4) Anatomia delle Polie sifunculo in Memorie etc. Vol. II. Napoli 1825. 4. p. 407. 408. Tav. 28. Fig. 2. und 3.

5) Article Vers im Dictionnaire des Sciences naturelles. Tome 57. Paris 1828. 8. p. 573.

6) Breves animalium quorundam maxima ex parte marinorum descriptiones, Heidelbergae 1828. 4. p. 17.

7) Beschreibung und Anatomie eines neuen an Sicilien gefundenen Meerwurms. Notospermus drepanensis in Isis von *Oken*. Jahrg. 1830. p. 682. Taf. VII. Fig. 2—6.

8) Ueber Meckelia Somatotomus in Isis von *Oken*. Jahrg. 1830. p. 575.

9) a. a. O. Ann. Scienc. natur. T. XXI. Paris 1830. p. 74. 75.

Einen weiteren Irrthum beging aber *Ehrenberg*[1]), indem er den Rüssel ganz wie *Dugès*, zugleich aber den weiten Mund für die Oeffnung der Geschlechtsorgane hielt, welche wie zwei an der äusseren Seite ausgesackte Stränge, d. h. die Seitentheile des Darms, durch den ganzen Körper verliefen. Wie *Oersted* den Irrthum *Huschke's* weiter ausführte, so geschah es mit *Ehrenberg's* Verkennung des Darmcanals durch *Quatrefages*, und wir haben nun die beiden Irrthümer in ihrem Ursprunge erkannt, welche am längsten die richtige Auffassung vom Bau der Nemertinen verdunkelten.

Grube[2]) kehrt, indem ich die ganz verfehlten und nur beiläufig gegebenen Angaben von *Johnston*[3]) übergehe, zu der richtigeren Auffassung der Verhältnisse des *delle Chiaje* zurück, und *H. Rathke*[4]) liefert im Widerspruch mit *Huschke* und *Ehrenberg* eine so treffliche Anatomie seiner Borlasia striata, wo der Darm völlig richtig beschrieben und der Rüssel (a. a. O. p. 100) für ein Tastorgan angesehen wird, dass man sich wundern muss, wie von der Zeit an alte Irrthümer von neuem und ausgebildeter hervortreten.

Oersted[5]), welcher sich um die Naturgeschichte unserer Thiere so viele Verdienste erworben hat und den Darmcanal derselben völlig erkannte, führt jedoch den Irrthum *Huschke's* über die Bedeutung des Rüssels als männlichen Geschlechtsapparat weiter aus. *Oersted* kannte sehr wohl die wirklichen Geschlechtsorgane zu beiden Seiten im Körper und das Getrenntsein der Geschlechter, aber der Rüssel mit seinem Stachelapparat erschien ihm so auffallend, dass er ihn nur als ein beiden Geschlechtern zukommendes stimulirendes Zeugungsglied deuten mochte, und auch *Siebold*[6]) hält diese Annahme für die wahrscheinlichste.

Ueber den anatomischen Bau unserer Thiere verdankt man *Quatre-*

---

1) *Hemprich* et *Ehrenberg*, Symbolae physicae. Animalia evertebrata exclusis insectis recensuit *Ehrenberg*. Series prima. Berolini 1831. Fol. Phytozoa Turbellaria; besonders bei Nemertes Hemprichii.

2) Actinien, Echinodermen und Würmer des Adriatischen- und Mittelmeers. Königsberg 1840. 4. p. 58. und Bemerkungen über einige Helminthen und Meerwürmer, im Archiv für Naturgeschichte. Jahrg. 21. 1855. I. p. 144. 145. Ueber den Gebrauch des Rüssels meint hier p. 145 *Grube*, dass die Nemertine damit die Beute ergreife, tödte, ausschlürfe und die Flüssigkeit in den Mund bringe, wie der Elephant mit seinem Rüssel.

3) In Miscellanea zoologica, in Magazine of Zoology and Botany. Vol. I. London 1837. p. 529—538.

4) In Beiträge zur vergleichenden Anatomie und Physiologie, in Neueste Schriften der naturforschenden Gesellschaft zu Danzig. Bd. III. Heft 4. Danzig 1842. p. 93—104. Taf. VI. Fig. 8—11. und in Beiträgen zur Fauna Norwegens, in Nova Act. Ac. Leop. Car. Natur. Curios. Vol. XX. Pars 1. Bonnae 1843. p. 232 ff. von andern Arten.

5) Entwurf u. s. w. Kopenhagen 1844. p. 22—25.

6) Lehrbuch der vergleichenden Anatomie der wirbellosen Thiere. Abth. 1. Berlin 1845. 8. p. 225. Note 2.

fages die ausführlichsten Mittheilungen, in seiner Deutung aber des Darms und Rüssels haben sich viele Irrthümer eingeschlichen. Den Rüssel, welchen zur selben Zeit noch *Kölliker*[1]) richtiger als Fang- und Fressorgan deutete, fasst *Quatrefages*[2]) wie *Fabricius* und *Dugès*, als Darmcanal auf und beschreibt alle seine Theile in Bezug auf diese Auffassung. Den After, welchen *Fabricius* wie *Dugès* bereits erkannten, aber fälschlich mit dem Rüssel in Zusammenhang brachten, läugnet *Quatrefages*, da er richtig bemerkte, dass hinten der Rüssel blind geschlossen sei. In Betreff des Darmcanals stellt sich *Quatrefages*[3]) auf die Seite von *Ehrenberg*, übersieht ganz den medianen dünneren Theil desselben und hält die mit den Taschen versehenen dickeren Seitentheile für zwei durch den ganzen Körper verlaufende Geschlechtsorgane, welche sich vorn, im Munde, öffneten, indem er den wahren Ursprung der Geschlechtsproducte, den schon *Rathke* und *Oersted* beschrieben, nicht erkannte. Ebenso wie *Quatrefages* schliesst sich auch *Harry Goodsir*[4]) in Betreff der Deutung des Darmcanals, im ausgesprochenen Gegensatze zu *Rathke*, ganz an *Ehrenberg* an.

Obwohl bald nach dem Erscheinen von *Quatrefages*' viel Aufsehen erregender Abhandlung sich *Frey* und *Leuckart*[5]) und *Siebold*[6]) für die richtige Auffassung von Rüssel und Darm, wie sie schon von *delle Chiaje* und *Rathke* gegeben war, aussprachen, so wurde *Quatrefages*' Darstellung für einige Zeit doch die herrschende und findet z. B. bei *Blanchard*[7]) und *Diesing*[8]) eine unbedingte Aufnahme. — Besonders befestigten die Arbeiten *Max Schultze's*[9]) die auf diese Weise wankend gemachten richtigeren Ansichten vom Bau der Nemertinen, und wir dürfen mit Sicherheit annehmen, dass wir in der Deutung der verschiedenen Theile der Nemertinen, wie sie im Vorhergehenden gegeben ist, von der Wahrheit nicht weit entfernt sind, und können daher in diesem Puncte *Milne–Edwards*[10]) nicht beistimmen, wenn er bei Gelegenheit des Verdauungsapparats der Nemertinen in seinem bewunderungswürdigen neuesten Werke sagt:

1) In Verhandlungen der schweizer. naturforschenden Gesellschaft zu Chur. 29. Versammlung 1844. Chur 1845. 8. p. 90.

2) a. a. O. Ann. Scienc. natur. [3]. VI. 1846. p. 245—261.

3) a. a. O. p. 269—276.

4) Descriptions of some gigantic forms of Invertebrate Animals from the coast of Scotland, in Annals and Magazine of Natural History. Vol. XV. London 1845. p. 378. 379.

5) a. a. O. Beiträge u. s. w. 1847. p. 75—79.

6) Lehrbuch der vergleichenden Anatomie der wirbellosen Thiere. Abth. 2. Berlin 1848. 8. Berichtigungen p. 672.

7) Recherches sur l'organisation des Vers. Cap. XII. Classe des Némerliens, in Annal. des Scienc. natur. [3]. XII. 1849. p. 28.

8) Systema Helminthum. Vol. I. Vindobonae 1850. 8. p. 238.

9) Ueber die Mikrostomeen, eine Familie der Turbellarien, im Archiv für Naturgeschichte. 1849. I. p. 289. und Beiträge zur Naturgeschichte der Turbellarien. Greifswald 1851. 4. p. 59—66.

10) Leçons sur la Physiologie et l'Anatomie comparée de l'homme et des animaux faites à la faculté des sciences de Paris. Tome V. Paris 1859. 8. p. 461.

»dans l'état actuel de la science il serait prématuré de se prononcer sur plusieurs questions dont la solution est en général très facile: par exemple, la présence ou l'absence d'un anus et même sur la détermination de la partie fondamentale de l'appareil digestif, c'est-à-dire la cavité stomacale«.

Nachdem so die Ansichten vom Bau des Darms und des Rüssels der Nemertinen durch viele Stadien gegangen waren und zuletzt um so befestigter zu der alten, besonders von *delle Chiaje* und *Rathke* begründeten Auffassungsweise zurückkehrten, überrascht es, von *Thomas Williams*[1]) eine Darstellung des Baues dieser Thiere nach eigenen Untersuchungen zu erhalten, welche sicher die irrthümlichste ist, die jemals ausgesprochen wurde und welche kaum eine besondere Berücksichtigung verdiente, wenn der Verfasser nicht seinen Bericht über diese Thiere im Auftrage der britischen Naturforscher-Versammlung erstattete. Nach *Williams* fungirt der Rüssel als Darm, indem er die Nahrung aufnimmt und mit einem After versehen ist, den *Williams* in dem wahren Munde sich öffnen lässt und so eine Anordnung des Darms erhält, mit vorn liegendem After, die er mit derjenigen des Sipunculus vergleichen kann. Den wirklichen Darm mit seinen Seitentaschen hält *Williams* für eine überall geschlossene grosse Verdauungshöhle, welche vorn mit zwei kleinen Blindsäcken (den Anfängen der Nervenstränge) neben dem Herzen (dem Gehirn) entspringt und in welche nur vorn der gewundene Darm ein- und an der Seite wieder austritt. Diese Höhle verdaut nach *Williams* die Nahrung, welche durch den Rüssel, den er oesophagus oder oesophagal intestine nennt, durch Exosmose durchgeschwitzt ist und welche so beschaffen sein muss, dass keine Stoffe aus ihr wieder ausgeschieden zu werden brauchen. — Ich brauche hier nicht auszuführen wie ganz irrthümlich diese Darstellung *Williams'* ist, und wie derselbe kaum Ein Organ der Nemertinen richtig in Bau und Function erkannt hat.

6. Nervensystem.

Am Nervensysteme kann man vorerst das Gehirn und die beiden davon ausgehenden Seitennerven unterscheiden.

Das Gehirn ist oft im Verhältniss zum Thiere sehr gross und fällt besonders bei den kleineren und durchsichtigeren Arten sofort in die Augen, aber auch bei den grossen und fast schwarz gefärbten Nemertinen markirt es sich meistens von aussen, indem die Haut über und unter ihm gewöhnlich eine hellere Farbe hat, als die Umgebung. Ganz allgemein besteht das Gehirn aus zwei Doppelganglien, welche durch zwei Commissuren, zwischen denen der Rüssel hindurchtritt, mit einander ver-

[1]) Report on British Annelida, in Report of the 21 meeting of the British Association for the Advancement of Science held at Ipswich in July 1851. London 1852. 8. p. 243—245. Pl. 11. Fig. 64.

bunden werden, im Besondern aber ist das Gehirn in den beiden Familien der Tremacephaliden und Rhochmocephaliden von typisch verschiede-
nem Bau, und *Max Schultze*[1]) hat das Verdienst auf diesen Unterschied
zuerst mit Bestimmtheit aufmerksam gemacht zu haben.

In der Familie der Tremacephaliden (Taf. V. Fig. 1. 8. 10. und Taf.
VI. Fig. 1.) besteht jede Hälfte des Gehirns aus zwei ovalen Ganglien, die
mehr vor- als übereinander liegen, die wir aber doch als oberes und un-
teres Ganglion bezeichnen, da zwischen den beiden vorderen die Rückencommissur, zwischen den beiden hinteren die Bauchcommissur ausge-
spannt ist. Das obere Ganglion deckt nur den vorderen Theil des unteren
und mit ihren vorderen Theilen sind beide mit einander verwachsen,
sodass man das obere Ganglion auch als eine nach rückwärts gerichtete
Aufwulstung des unteren ansehen kann. Von dem oberen Ganglion gehen
meistens vorn grosse Nerven ab zu den Augen, wie ich es bei Borlasia
splendida (Taf. V. Fig. 10.) sehr schön habe beobachten können und
ebenso an der Seite Nerven zu den Seitenorganen. — Die unteren Ganglien verjüngen sich nach hinten allmählich zu den Seitennerven und bei
Borlasia splendida konnte ich von der Bauchcommissur jederseits ein paar
Nerven austreten sehen, die wahrscheinlich zum Rüssel gingen. — Die
Rückencommissur ist stets viel feiner als die Bauchcommissur, welche
gewöhnlich ein breites Band bildet, während die erstere einen feinen und
oft schwer zu sehenden Faden vorstellt.

Bei den R h o c h m o c e p h a l i d e n (Taf. VII. Fig. 1. 2.) ist das Gehirn
gewöhnlich grösser als bei den Tremacephaliden und die oberen Ganglien
so weit nach hinten verlängert, dass man von oben die unteren Ganglien
gar nicht sieht; nur die untere Commissur, die auch hier viel breiter ist
als die obere, macht in dieser Ansicht die unteren Ganglien bemerklich.
Auch der Ursprung der Seitennerven unterscheidet die beiden Familien,
denn bei den Rhochmocephaliden erscheint der Seitennerv nicht als eine
blosse Verjüngung des unteren Ganglions, sondern kommt vor dem Ende
desselben an seiner Seite hervor, sodass von ihm an der Medianseite des
Seitennerven ein Zipfel hervortritt. Wo die Nerven der Seitenorgane sich
an das Gehirn ansetzen, habe ich mit Sicherheit nicht gesehen, und ebenfalls bei den von mir beobachteten Arten keine Nerven vom Gehirn, vorn
in den Kopf austreten, bemerkt.

Bei der Gattung Cephalothrix (Taf. VI. Fig. 7. 8. 11. 12.), welche
nach ihrer besonderen Organisation eine eigene Familie bilden muss,
hat das Gehirn einen Bau, der sich fast ganz an den bei den Tremacephaliden anschliesst. Hier deckt das obere Ganglion das untere fast gar nicht,
sondern erscheint als eine obere Verdickung an dessen Vorderende. Aus
dem oberen Ganglion entspringen zwei grosse nach vorn verlaufende Nerven, von denen sich einer in das räthselhafte Organ der Kopfspitze einzu-

---

1) In Zoologische Skizzen, briefliche Mittheilung an Prof. Dr. v. Siebold, in Zeitschrift f. wiss. Zoologie. IV. 1852. p. 183.

senken scheint; das untere Ganglion verjüngt sich nach hinten wie bei den Tremacephaliden zum Seitennerven.

Die Seitennerven, welche auf die angegebene Art aus den unteren Ganglien entstanden sind, wenden sich sogleich auf die Seite des Körpers und verlaufen dort, mehr an der Unterseite als Oberseite, wie man bei den mehr drehrunden Arten, wie Cephalothrix (Taf. VI. Fig. 11.) gut sieht, und zwischen der mittleren Ring- und Längsmuskelschicht (Taf. VII. Fig. 3. 4.) bis ins Hinterende, wo sie dicht neben dem After enden, bisweilen, wie es scheint, mit einer länglichen Anschwellung. Aus den Seitennerven treten in regelmässigen Abständen (Taf. V. Fig. 10.) feine Nerven, mit breiter Basis entspringend, aus, die ich nur bis auf unbedeutenden Abstand vom Seitennerven verfolgen konnte und die wahrscheinlich hauptsächlich in die Haut gehen. — Fast überall liegen die Seitennerven ganz in den Seiten des Körpers, gleich unter der Längsmuskulatur, allein bei der Gattung Oerstedia liegen sie näher der Medianlinie, also ganz an der Unterseite.

Die feinere Structur des Nervensystems habe ich bei Borlasia mandilla beobachtet. Hier besteht sowohl das Gehirn, als auch die Seitennerven aus einer dicken Rinde einer feinkörnigen Masse, während der centrale Theil in den Seitennerven längsfaserig, in den Hirnganglien querfaserig in der Richtung der Commissuren ist. Auch auf den Querschnitten von Cerebratulus marginatus konnte man die Scheide und den streifigen Inhalt der Seitennerven gut erkennen, eine deutliche Zellenbildung konnte ich nirgends auffinden.

Das Nervensystem ist lange Zeit verkannt und besonders mit dem Gefässsysteme verwechselt worden. Zuerst erwähnt es *delle Chiaje*[1]), glaubt aber in den Hirnhälften zwei Herzen, in den Seitennerven Gefässe zu erkennen und spricht nur undeutlich von nach vorn ausstrahlenden Nervenfäden. *Dugès*[2]), welcher eine sehr kenntliche Abbildung vom Nervensysteme mittheilt, hält die beiden Gehirnhälften, gerade wie der Schüler *Poli's*, für Herzen und die Seitennerven für davon ausgehende Gefässe, während er zugleich das wahre Gefässsystem daneben fast völlig richtig erkannte. Es war zuerst der treffliche *H. Rathke*[3]), welcher das Nervensystem mit Gehirn und Seitennerven als solches auffasste und daneben, obwohl noch ziemlich unvollkommen, ein besonderes und contractiles Gefässsystem beschrieb. Aber die irrthümliche Auffassung gewann eine besondere Stütze, als *Oersted*[4]) sich ihr völlig zuwandte und *Rathke's* rich-

1) a. a O. Memorie sulle storia e notomia degli animali senza vertebre del Regno di Napoli. Vol. II. Napoli 1825. 4. p. 404 und 434. Tab. 28. Fig. 7.

2) a. a. O. Annales des Sciences naturelles. T. XXI. Paris 1830. p. 75. Pl. 2. Fig. 6.

3) a. a. O. Neueste Schriften der naturforschenden Gesellschaft in Danzig. Bd. III. Heft 4. Danzig 1842. 4. p. 100—102. Taf. VI. Fig. 10. und 11.

4) Entwurf u. s. w. Kopenhagen 1844. 8. p. 17. 18.

tige Ansicht verwarf. Zwar bemerkte er ganz richtig, dass weder seine
Herzen noch Gefässe contractil seien, liess sich aber doch verleiten, sie in
dieser Weise aufzufassen, da ihm die nahe dabei liegenden wirklichen
Gefässe ganz unbekannt geblieben waren.

Quatrefages, welcher zugleich mit *Rathke* das Nervensystem entdeckte[1]), hat in seiner ausführlichen Arbeit[2]) auch dasselbe zuerst am
genauesten dargestellt und namentlich zuerst die beiden Commissuren,
welche den Rüssel, nach ihm die Speiseröhre, wie ein Schlundring
umfassen und die Zusammensetzung jeder Hirnhälfte aus zwei rundlichen
Massen beschrieben.

Frey und *Leuckart*[3]) bestätigen im Wesentlichen die Beschreibung
Quatrefages' und indem sie das Gehirn einer Tremacephalide und einer
Rhochmocephalide abbilden, findet sich hier zuerst der Unterschied be-
rührt, welcher auch im Bau des Gehirns beide Familien von einander trennt,
aber es ist, wie schon angeführt, *Max Schultze*[4]), welcher diesen Unterschied zuerst genauer erläutert und ihn zu systematischer Verwendung
vorschlägt. — Es ist schon angeführt, wie falsche Ansichten vom Bau der
Nemertinen *Williams* ausspricht; das Gehirn hält er[5]) wie viele seiner
Vorgänger für zwei Herzen, aber in der Verkennung der Seitennerven
geht er weiter als irgend Einer, indem er sie am Darm, seiner Verdauungshöhle, enden lässt und wie kleine Blindsäcke derselben ansieht. Doch
scheint *Williams* irrthümliche Darstellung ohne Einfluss auf den Fort-
schritt der Wissenschaft geblieben zu sein.

7. Kopfspalten und Seitenorgane.

Am Kopfe der meisten Nemertinen befinden sich Einsenkungen,
welche sich durch eine stärkere Wimperung vor der übrigen Haut aus-
zeichnen und fast allen Beobachtern dieser Thiere aufgefallen sind und
die wir mit dem Namen der Kopfspalten bezeichnen.

Bei den Rhochmocephaliden (Taf. VII. Fig. 1.) sind diese Organe
besonders ausgebildet und stellen an jeder Seite des Kopfes eine ziemlich
tiefe Spalte dar, die vom Vorderende verschieden weit nach hinten, gewöhnlich bis zur Höhe des Gehirns, läuft. Hier sieht der Kopf dann auf
beiden Seiten tief gespalten aus und die beiden Lippen machen im Leben
verschiedene Oeffnungs- und Schliessungsbewegungen, so dass man hier
die Kopfspalten kaum übersehen kann und auch an Spiritusexemplaren
erkennt man sie noch gut. Nirgends sieht man aber von diesen Spalten

1) In der Séance de la Soc. philomatique de Paris 27 novemb. 1841. im Institut.
2) a. a. O. Annales des Sciences naturelles [3]. VI. 1846. p. 276—278. Pl. 8.
Fig. 1. und 3.
3) a. a. O. Beiträge u. s. w. Braunschweig 1847. 4. p. 72—73. Taf. I. Fig. 14.
und 15.
4) a. a. O. In Zeitschr. für wiss. Zoologie. Bd. IV. 1852. p. 183.
5) a. a. O. Report of the 21 meet. of the Brit. Assoc. for the Adv. of Sciences held
at Ipswich 1851. London 1852. 8. p. 243 und 244. Pl. XI. Fig. 64. a und b.

aus sich einen Hohlraum in den Körper fortsetzen, sondern sie sind nichts als blinde Einsenkungen der äusseren Haut.

Bei den Tremacephaliden fallen die Kopfspalten nicht so in die Augen und sind bisher auch oft übersehen worden, weil man sie gewöhnlich nur mit dem Mikroskope wahrnehmen kann. Diese Organe sind hier oft einfache trichterförmige Einsenkungen an den Seiten des Kopfes, meistens nicht weit vom Gehirn und mit etwas längeren Cilien wie der übrige Körper versehen. Bei Borlasia mandilla (Taf. V. Fig. 1.) sind es kurze Querspalten an der Unterseite, die am Seitenrande enden, bei Borlasia splendida (Taf. V. Fig. 10. 12. 13. 14.) stellen sie ein ganzes System kleiner Spalten vor, wie das oben genauer beschrieben ist.

Bei den Gymnocephaliden scheinen die Kopfspalten ganz zu fehlen, wenigstens habe ich sie an den beiden von mir genau untersuchten Arten nicht finden können.

Ueberall stehen mit den Kopfspalten im Innern des Körpers eigenthümliche Organe in Zusammenhang, die ich als Seitenorgane bezeichne. Ich glaube mich mit Sicherheit überzeugt zu haben, dass diese Organe unmittelbar durch dicke Nerven mit dem Gehirn in Verbindung stehen und man sie als eine, zu einer speciellen Sinnesthätigkeit ausgebildete Endigung ansehen muss: ihren endlichen und feineren Bau habe ich jedoch nicht erkennen können. Stets sind die Seitenorgane solide Körper und an der Eintrittsstelle der vom Gehirne kommenden Nerven erscheinen sie nur als eine Erweiterung derselben. Bei Borlasia splendida (Taf. V. Fig. 10.) konnte ich aber deutlich eine Schale und einen Kern erkennen und sah im hinteren Ende eine grünliche körnige Masse. Eine Wimperbewegung konnte ich in ihnen ebensowenig wie einen centralen oder von aussen hineintretenden Hohlraum erkennen.

Diese Seitenorgane setzen sich an die Kopfspalten an, bei den Rhochmocephaliden ganz im hintersten Ende derselben, bei den Tremacephaliden gerade an der Seite des Körpers, und da in dieser Stelle der Kopfspalten die äussere Haut und Muskulatur ganz fehlt, so schliesst das Seitenorgan die so entstandene rundliche Oeffnung der Körperbedeckung und tritt mit dem umgebenden Wasser in directe Berührung.

Da die Seitenorgane im speciellen Theile bei den von mir beobachteten Arten beschrieben sind, so brauche ich an dieser Stelle auf die verschiedenen Formen nicht weiter einzugehen.

Die Kopfspalten werden von allen Beobachtern der Rhochmocephaliden, wie von *O. F. Müller*[1]), *Fabricius*[2]), *delle Chiaje*[3]) u. s. w. erwähnt,

1) Von den Würmern des süss. und salz. Wassers. Kopenh. 1771. 4. p. 118. Tabelle 3. Fig. I—III. a. und Zoologia danica. Vol. II. Hafniae 1788. Fol. p. 35. Tab. 68 und an a. A.

2) Fauna groenlandica. Hafn. 1780. 8. p. 325. u. a. a. O. Skrivter af Naturhistorie-Selskabet. 4 de Bind. 2 det Hefte. Kiøbenhavn 1798. 8. p. 64. Taf. XI. Fig. 8. 9. 10. b.

3) Memorie sulle storia e notomia degli animali senza vertebre del Regno di Napoli. Vol. IV. Napoli 1829. 4. p. 204. Tab. 62. Fig. 12. 13.

während sie wegen ihrer Kleinheit bei den Tremacephaliden länger unbekannt blieben. *Huschke*[1]), welcher die Seitennerven für Canäle hielt,
lässt diese an den Kopfspalten enden, ohne dabei über die Function derselben ebenso wenig wie seine Vorgänger sich zu äussern, *H. Rathke*[2])
aber bemerkte zuerst die Seitenorgane, welche er als breite Nerven-
stämme, die vom Hirn zu den kahnförmigen Gruben (Kopfspalten) gehen,
beschreibt und abbildet und fasst demzufolge diese als »Sinneswerkzeuge,
namentlich den Sitz eines schärferen Gefühls, als die ganze übrige Oberfläche des Körpers gewähren kann« auf.

Oersted[3]), der wie angeführt das Gehirn für Herzen hielt, glaubte
im Gegensatz zu *Rathke*, die Kopfspalten als Respirationswerkzeuge ansehen zu müssen, da sie das Wasser am weitesten zu seinen Herzen hin-
führten. Diese Ansicht hat sich lange Zeit einen ziemlichen Anhang erworben und in neuerer Zeit spricht sich *Oskar Schmidt*[4]), welcher ähnliche Gruben bei den Mikrostomeen unter den Planarien fand, und
Williams[5]) ganz in diesem Sinne aus.

Durch *Quatrefages*[6]) wurde der Zusammenhang der Kopfspalten mit
dem Nervensystem, den *Rathke* entdeckt hatte, für viele Arten nachgewiesen und *Quatrefages* hält diese danach auch für Sinnesorgane; warum
er in ihnen jedoch etwas Aehnliches wie das Gehörorgan der Mollusken
sehen möchte, vermag ich nicht einzusehen.

Frey und *Leuckart*[7]) und ebenso *Max Schultze*[8]), welcher bei Pro-
rhynchus stagnalis einen starken Nerven zu den Wimpergruben (Kopfspalten) treten sah, halten die Kopfspalten für Sinnesorgane, wie
Rathke, ohne sich aber über ihre speciellere Function auszusprechen; auch
Gegenbaur[9]) deutet sie in diesem Sinne, möchte sie aber am liebsten für
ein Geruchsorgan ansehen und bei einer unbewaffneten Nemertine sah

---

1) a. a. O. Isis von *Oken*. Bd. XXIII. 1830. p. 684. »An jeder Seitenfläche verlief von hinten nach vorn ein dünner weisser Faden, der in der Seitenfurche des
Kopfes endete, so dass ich ihn für einen Kanal hielt, besonders da er nach vorn sich
erweiterte«.

2) a. a. O. Neueste Schriften der naturforschenden Gesellschaft in Danzig. Bd.
III. Heft 4. Danzig 1842. 4. p. 94 und 102. Taf. VI. Fig. 10. c.

3) Entwurf u. s. w. Kopenhagen 1844. 8. p. 18. 19. Hier heisst es p. 19: »Durch
diese Spalten kann das Wasser also in unmittelbare Verbindung mit den Herzwän-
den selbst treten und die Respiration hierdurch befördert werden.«

4) Die rhabdocölen Strudelwürmer des süssen Wassers. Jena 1848. 8. p. 9.

5) a. a. O. Report Brit. Assoc. 1851. London 1852. 8. p. 243.

6) a. a. O. Annales des Scienc. natur. [3]. VI. 1846. p. 283—285. Pl. 14. Fig.
4—7. wo die Seitenorgane sehr ungenügend abgebildet werden.

7) a. a. O. Beiträge u. s. w. Braunschweig 1847. 4. p. 74.

8) Beiträge zur Naturgeschichte der Turbellarien. Greifswald 1851. 4. p. 60
und 63. Taf. VI. Fig. 4.

9) Grundzüge der vergleichenden Anatomie. Leipzig 1858. 8. p. 152.

6*

Max Schultze[1]) sich das von ihm beschriebene Wassergefässsystem in ihnen nach aussen öffnen.

Van Beneden[2]) kehrt in der Auffassung der Kopfspalten fast zur ältesten auf *Huschke* zurückzuführenden Anschauung zurück: nach ihm sind die Seitenorgane Blasen, welche mit einem kurzen Ausführungsgange sich im Grunde der Kopfspalten öffnen und welche, obwohl sie ihm fast mit dem Gehirne zusammenzuhängen schienen, den contractilen Seitengefässen zur Mündung dienen. *Van Beneden* nennt die Seitenorgane desshalb Excretionsorgane und ist selbst geneigt das ganze Gefässsystem, das sich ja nach ihm in diese Excretionsorgane öffnen soll, für einen der Excretion dienenden Apparat, wie er in ähnlicher Ausbreitung auch bei Cestoden und Trematoden vorkommt, zu halten. — Obwohl ich selbst, als ich die Nemertinen zu untersuchen begann, diese Ansicht *van Beneden's* theilte, habe ich mich doch, und wie mir scheint mit Sicherheit, davon überzeugen können, dass die Gefässe mit den Seitenorganen nichts zu thun haben und dass diese durch grosse Nerven mit dem Gehirn in Zusammenhang stehen, sodass man für sie und für die Kopfspalten keine andere als eine Sinnesfunction annehmen darf.

8. Sinnesorgane.

Sehr allgemein kommen bei den Nemertinen Augen vor, die von allen Beobachtern erwähnt und von *Ehrenberg*, *Oersted*, *Diesing* u. A. ihrer Zahl und Gruppirung nach zur Systematik verwendet werden. Gewöhnlich sind diese Augen blosse Pigmenthaufen in der äusseren Haut, meistens aber zeigen diese an der nach aussen oder vorn gerichteten Seite eine Einsenkung (Taf. VI. Fig. 1.), die man auf den ersten Blick für eine Linse halten möchte. Wahre Linsen sind bei den Nemertinen nur selten beobachtet, so von *Quatrefages*[3]) bei seiner Polia coronata und Nemertes antonina und von *Grüffe*[4]) bei einer Tetrastemma.

Dass man die Augenflecke aber auch da wo eine Linse sicher fehlt mit Recht für ein Sinnesorgan und der Analogie mit andern Thieren nach für lichtempfindende Apparate hält, zeigen die Nerven, die vom Gehirne zu diesen Flecken treten, wie es *Quatrefages* von vielen Arten angiebt und ich es bei Borlasia splendida (Taf. V. Fig. 10.) in einem ausgezeichneten Beispiele beobachtet habe, indem man hier auch zum kleinsten Augenflecke deutlich einen Nerv verfolgen konnte.

1) Zoologische Skizzen in Zeitschrift f. wiss. Zoologie. Bd. IV. 1852. p. 184.

2) Recherches sur la faune littorale de Belgique. Turbellariés. Mémoires de l'Acad. roy. des Sciences etc. de Belgique. Tome XXXII. Bruxelles 1861. 4. p.11.12. und 45. Pl. I. Fig. 5.

3) a. a. O. Annales des Scienc. natur. [3]. VI. 1846. p.282.283. Pl. 14. Fig. 1. 2.

4) Beobachtungen über Radiaten und Würmer in Nizza, in Denkschriften der schweiz. naturforschenden Gesellschaft. Bd. XVII. Zürich 1860. 4. p. 53. (Separatabdruck Zürich 1858).

Bei einem jungen Exemplar von Oerstedia pallida (Taf. V. Fig. 8. 9.) sah ich auf der Rückenseite jedes unteren Hirnganglions zwei O t o l i - t h e n b l a s e n liegen, nahe an der Stelle, wo das Ganglion in den Seiten- nerven übergeht. Die Blasen schienen der Hirnsubstanz anzuhängen und enthielten einige kleine runde Otolithen, an denen ich keine Bewegung sehen konnte. Auch *Gräffe*[1]) beschreibt von seiner Tetrastemma »eine kleine Gruppe von Otolithenkapseln zwischen den vier Augen, von denen jede eine Menge kleiner unbeweglicher Otolithenkörperchen enthielt«.

9. Gefässsystem.

Das Gefässsystem besteht im Allgemeinen aus zwei Seitengefässen, in denen das Blut von vorn nach hinten, und aus einem Rückengefäss, in dem es von hinten nach vorn fliesst und welches gleich hinter dem Ge- hirne wie auch im Hintergrunde mit den Seitengefässen in Verbindung steht und endlich aus einer Kopfschlinge, durch welche die Seitengefässe vorn im Kopf in einander übergehen. Alle diese Gefässe sind contractil und haben eigene Wände, wie man es deutlich sehen kann, da sie nicht etwa der Muskulatur eingebettet, sondern dieser nur anliegen, sodass sie grösstentheils frei in die Leibeshöhle hineinragen. Im ganzen Verlaufe sind die Gefässe von ziemlich gleichbleibendem Durchmesser und nur im Hinterende, wo die beiden Seitengefässe in einander übergehen und das Rückengefäss sich mit ihnen verbindet, entsteht bisweilen ein grösse- rer Sinus.

Die S e i t e n g e f ä s s e liegen nicht gerade in den Seiten, sondern meistens ein wenig auf der Rückenseite, sodass sie in der Ansicht von oben gewöhnlich medianwärts von den Seitennerven zu liegen scheinen, die im Gegensatz zu ihnen sich mehr der Bauchseite nähern. Im vorderen Theile des Thiers beginnen die Seitengefässe sich zu schlängeln und oft ganz verwirrte Schlingen zu bilden, und gleich hinter dem Gehirne biegen sie sich der Medianlinie zu, verbinden sich dort durch eine Queranasto- mose, auf welche auch das Rückengefäss zutrifft, sodass man sie auch als eine breite gabelige Theilung desselben ansehen kann, und umgehen in einer starken S förmigen Krümmung das Gehirn, um dann in sanfteren Windungen die Kopfschlinge zu formen. Das R ü c k e n g e f ä s s hat einen geraden ungeschlängelten Verlauf, oder zeigt doch nur ganz flache und unbestimmte Windungen; es liegt zwischen Rüssel und Darm und nur die Kopfschlinge scheint sich auf die Rückenseite des Rüssels zu erheben.

Bei den meisten Nemertinen ist das Blut farblos und enthält keine körperlichen Elemente, bei einigen Arten zeigt die Flüssigkeit selbst eine mehr oder weniger starke meist röthliche Färbung, wie es *Quatrefages*[2])

---

1) a. a. O p. 53.
2) a. a. O. Annales des Scienc. nat. [3]. VI. 1846. p. 264.

angiebt, und bei diesen ist dann das Gefässsystem um vieles leichter und sicherer zu erkennen.

Bei Borlasia splendida fand ich ein Blut, das roth war wie Menschenblut und dessen Farbe an den sehr zahlreich vorhandenen Blutkörperchen haftete. Es waren dies (Taf. V. Fig. 17.) ovale ganz flache Scheiben, 0,01—0,018 mm. gross. Hier sieht man das Blut in einzelnen Tropfen durch die contractilen Gefässe schiessen, und es ist bei allen Nemertinen weniger ein ruhiges Fliessen des Blutes, als wie hier, wo man es so deutlich sehen kann, ein Fortgeschobenwerden einzelner Blutmassen durch die Contractionen, die an den Gefässen wie Wellen entlang laufen. Zugleich sah ich bei dieser schönen Borlasia sehr regelmässige Queranastomosen zwischen Rückengefäss und Seitengefässen (Taf. V. Fig. 15.), die in Abständen von 0,4—0,5 mm. quer über den Körper liefen und so fein waren, dass in ihnen höchstens drei bis vier Blutkörper neben einander Platz hatten. Die Anordnung dieser feinen Gefässe wird am besten aus der Zeichnung klar und man darf sie ihrer Feinheit und Reichlichkeit nach fast als Capillargefässe bezeichnen.

So einfach auch im Ganzen die Beobachtung des Kreislaufs bei dieser merkwürdigen Borlasia war, so blieben doch manche Verhältnisse im Unklaren, da ich nur Ein Exemplar in dieser Hinsicht untersuchen konnte und dieses solche Grösse hatte, dass nur bei der Compression mit dem Deckglase die Gefässe zu sehen waren. Es kam mir hier oft so vor, als ob jederseits zwei Seitengefässe verliefen, die vorn in einander übergehen und wie es auch *Blanchard*[1]) von seinem Cerebratulus liguricus und *van Beneden*[2]) von seiner Polia obscura angiebt. Das beschriebene Gefässsystem erschien auch umgekehrt, wie bei andern Nemertinen auf der Bauchseite am deutlichsten und es konnte namentlich das Capillargefässsystem von der Rückenseite, die allerdings auch stark pigmentirt war, kaum erkannt werden. In Bezug auf die Lagenverhältnisse der Blutgefässe ist mir also bei dieser Art Vieles unklar geblieben.

Bei einem etwa 0,5 m. langen Spiritusexemplare von Cerebratulus marginatus aus Neapel konnte ich noch einige bisher unbekannte Verhältnisse der Blutgefässe an feinen Querschnitten, vorzüglich an mit Carmin imbibirten, anstellen. Ueberall waren (Taf. VII. Fig. 3. 4.) das Rückengefäss und die beiden ganz ventralen Seitengefässe zu erkennen, in der vorderen Hälfte des Wurms (Fig. 4.) sah man zwischen Rücken- und Seitengefässe deutliche, geschlängelte Queranastomosen, so dass Gefässringe entstanden, die nur an der Bauchseite zwischen den beiden Seitengefässen unterbrochen sind. Bisweilen schien es, als ob nach aussen von jedem Seitengefäss noch ein Seitengefäss läge, wie es auch *Blanchard*

1) a. a. O. Annales des Scienc. natur. [3]. XII. 1849. p. 33. und VIII. Pl. 9. Fig. 5.
2) a. a. O. Mémoires de l'Acad. roy. de Belgique. XXXII. 1861. p. 26. 27. Pl. IV. Fig. 10.

a. a. O. von seinem Cerebratulus liguricus angiebt, ich konnte darüber aber nicht zur Gewissheit gelangen. In der hinteren Hälfte des Thiers (Fig. 3.) war der Darm sehr ausgedehnt und dies ist vielleicht nur der Grund, dass hier Ringgefässe zwischen den beiden Seitengefässen und dem Rückengefässe nicht gesehen wurden.

Dugès[1]) beobachtete zuerst das Gefässsystem der Nemertinen und gab die Richtung des Blutlaufes in den Seitengefässen und Rückengefäss ganz richtig an; wie aber schon angeführt hielt er auch das ganze Nervensystem für zum Gefässsysteme gehörig und brachte besonders dadurch viel Irrthümliches in seine Abbildung. Wie ich schon beim Nervensysteme berichtet habe, hielt auch delle Chiaje das Gehirn für zwei Herzen und die Seitennerven für Gefässe, und in demselben Irrthume bleiben noch Oersted und Williams befangen.

Es beschreibt zuerst H. Rathke[2]) das Zusammenvorkommen von Nervensystem und Blutgefässen und erwähnt von diesen richtig das Rückengefäss und die beiden Seitengefässe. Quatrefages[3]) liefert dann eine genaue Beschreibung des Gefässsystems vieler Arten und ihm verdankt man die erste Darstellung der feineren Verhältnisse. Blanchard[4]) hat das Gefässsystem seines Cerebratulus liguricus mittelst Injection untersucht, ein Verfahren, das bei diesen Thieren wenig Vertrauen einflössen kann. Blanchard beobachtete auf diese Weise ausser dem Rückengefässe jederseits zwei Seitengefässe, eins mehr median, das andere ganz in der Seite gelegen. Das Rückengefäss giebt gar keine Zweige ab, aber die beiden Seitengefässe einer Seite stehen durch viele feine Queranastomosen mit einander in Verbindung, und ausserdem liegen der Rüssel und die Nervencentren in grossen Blutsinus, so dass sie unmittelbar vom Blute gebadet werden.

Nach Max Schultze kommt ausser dem Blutgefässsysteme noch ein Wassergefässsystem vor, das den ganzen Körper durchzieht und das er bei einer unbewaffneten Nemertine sich in die Kopfspalten öffnen sah[5]); am genauesten beschreibt es aber Schultze[6]) bei seiner Tetrastemma obscura, hier sind es zwei Längsstämme mit vielen blinden kurzen Seitenästen und im Innern mit einzelnen langen Cilien, und in der Mitte des

1) a. a. O. Annales des Scienc. natur. XXI. 1830. p. 75. 76. Pl. 2. Fig. 6.

2) a. a. O. Neueste Schriften der naturforsch. Gesellsch. in Danzig. Bd. III. Heft 4. Danzig 1842. 4. p. 103.

3) a. a. O. Annales des Scienc. natur. [3]. VI. 1846. p. 262—267. Pl. 8. Fig. 1. und Pl. 9. Fig. 1.

4) a. a. O. Annal. des Scienc. natur. [3]. XII. 1849. p. 32—35. und Tome VIII. 1847. Pl. 9. Fig. 5.

5) Max Schultze, Zoologische Skizzen, in Zeitschrift f. wiss. Zoologie. Bd. X. 1852. p. 183. 184.

6) Beiträge zur Naturgeschichte der Turbellarien. Greifswald 1851. 4. p. 64. 65. Taf. VI. Fig. 2. i. Zoologische Skizzen a. a. O. 1852. p. 184. und besonders in Victor Carus' Icones zootomicae. Leipzig 1857. Taf. VIII. Fig. 10.

Körpers befinden sich zwei Oeffnungen, durch welche die Längsstämme
sich nach aussen öffnen. Es scheint, dass bis jetzt dieses Wassergefässsystem, in dem die Flüssigkeit durch Cilien bewegt wird, von keinem
andern Beobachter wiedergefunden ist und *van Beneden*[1]) läugnet selbst
bei Tetrastemma obscura direct seine Anwesenheit. Doch scheint man
an der Richtigkeit der Beobachtungen *Schultze's* nicht zweifeln zu dürfen,
da dieser treffliche Forscher sie an so vielen Stellen wiederholt ausgesprochen hat.

10. Geschlechtsorgane.

Die Nemertinen sind in Geschlechter getrennt, aber die Geschlechtsorgane bei beiden Geschlechtern gleich gebaut und angeordnet.

Die Geschlechtsorgane sind Schläuche in den Seitentheilen des Körpers, an die äussere Wand festgewachsen und sich dort nach aussen öff-
nend. Sind die Schläuche ausgewachsen, so drängen sie sich zwischen
die Seitentaschen des Darms und man hat die Geschlechtsorgane oft so
beschrieben, dass Eier und Samen zwischen den Darmtaschen entständen.

Diese an der Innenwand ansitzenden Schläuche (Taf. V. Fig. 6. *ov.*)
bilden in ihren Wänden (Taf. VI. Fig. 17.), wie es mir scheint, die Eier
und Samenzellen, die dann in das Innere des Schlauches fallen, dort die
völlige Reife erlangen, und endlich aus dem Körper heraustreten, entweder durch präformirte Oeffnungen, oder, wie es mir auch oft zu sein
schien, durch ein Platzen der äusseren Haut an dieser Stelle. So liegen
dann besonders die Eier aussen am Körper in ähnlichen Gruppen zusammen wie früher im Innern, und es ist bekannt, dass die so ausge-
schiedenen Eiergruppen, verbunden durch eine Menge gallertartigen
Schleims, nachdem aus ihrer Mitte das Thier herausgekrochen ist, lange
Zeit als Eischnüre bestehen bleiben.

Schon *Dugès*[2]) beschrieb die Geschlechtsorgane wesentlich in der
hier angegebenen Weise und ebenso auch *H. Rathke*[3]); der überdies zuerst erkannte, dass die Nemertinen getrennten Geschlechtes sind, auch
Oersted[4]), *Frey* und *Leuckart*[5]), *Max Schultze*[6]), *van Beneden*[7]) u. v. A.

---

1) a. a. O. Mémoires de l'Acad. roy. de Belgique. T. XXXII. 1861. p. 26 und 44.
2) a. a. O. Annales des Scienc. natur. T. XXI. 1830. p. 76.
3) a. a. O. Neueste Schriften der naturforsch. Gesellsch. in Danzig. Bd. III. Heft
4. Danzig 1842. 4. p. 97. 98.
4) Entwurf u. s. w. Kopenhagen 1844. 8. p. 25. Tab. III. Fig. 47. 54. 56.
5) a. a. O. Beiträge u. s. w. Braunschweig 1847. 4. p. 79.
6) a. a. O. Zeitschrift für wiss. Zoologie. Bd. IV. 1852. p. 179. und in *Victor
Carus* Icones zootomicae. Leipzig 1857. Taf. VIII. Fig. 15.
7) a. a. O. Mémoires de l'Acad. roy. de Belgique. T. XXXII. 1861. 4. p. 13
und 45.

liefern eine gleiche Darstellung, und von den Neueren ist es besonders nur *Quatrefages*[1]), welcher die wahren Geschlechtsorgane ganz übersah und die mit Taschen versehenen Seitentheile des Darms für solche Organe, den Mund aber für ihre Ausmündung ansprach. Es ist oben p. 76. 77. angeführt, wie *Quatrefages* in diesem Irrthum *Ehrenberg* zum Vorgänger hatte und wie er trotz der vielen entgegenstehenden Beobachtungen sich doch manche Nachfolger erwarb. *Williams*[2]) beschreibt die Geschlechtsorgane der Nemertinen als im Bau ganz ähnlich den s. g. Segmentalorganen der Anneliden und nimmt bei jeder einzelnen Eier- oder Samentasche dem entsprechend zwei Oeffnungen an.

11. Entwickelung.

Ueber die Entwickelung der Nemertinen habe ich aus eigener Anschauung nur sehr wenig zu berichten, indem ich hierher gehörige Beobachtungen nur an den in der Leibeshöhle der Mutter sich entwickelnden Jungen von Prosorhochmus Claparèdii anstellen konnte.

Schon *Max Schultze*[3]) beschreibt eine lebendig gebärende Nemertine (Tetrastemma obscurum), bei welcher nur Junge und keine Eier in der Leibeshöhle beobachtet wurden; *van Beneden*[4]) erwähnt von dieser Art auch die Eier und ihre Bildung, aber es bleibt zweifelhaft, ob die Art von Ostende mit der aus der Ostsee wirklich identisch ist. Bei Prosorhochmus fand ich nur Junge und trotz aller Aufmerksamkeit keine Eier und überhaupt keine Geschlechtsorgane, doch muss ich erwähnen, dass ich nur zwei Exemplare dieser Nemertine untersuchen konnte und dass ich desshalb in keiner Weise bestimmen kann, ob die Jungen auf geschlechtlichem Wege aus Eiern, oder nicht etwa als Knospenbildungen entstehen.

Junge aus der Leibeshöhle konnte ich von 0,3—8,0 mm. Länge beobachten (Taf. VI. Fig. 2. 3.). Sicher waren auch noch kleinere Junge anwesend, aber ich konnte sie aus dem Detritus, der beim Zerreissen der Mutter entstand, nicht mit Gewissheit herauserkennen. Bei einem 0,3 mm. langen Jungen, das etwa 0,15 mm. breit war, zeichneten sich besonders die äussere Bedeckung, äussere Haut und Muskeln, durch gewaltige Dicke aus, und die Muskellage zeigte im Kopfe noch eine stärkere Verdickung, sodass der innere Hohlraum sehr beschränkt wird. Vorn befindet sich darin an der Unterseite eine Oeffnung, d. h. eine Einstülpung der äusseren Haut, die aber zur Zeit noch sehr kurz ist: der Rüssel; hinter ihm

1) a. a. O. Annales des Scienc. natur. [3]. VI. 1846. p. 269—276. Pl. 8. Fig. 1. g. und Pl. 9. Fig. 1. n.

2) Researches on the Structure and Homologies of the reproductive Organs of the Annelids. Philos. Transact. for 1858. p. 131. 132. Pl. VIII. Fig. 24.

3) Beiträge zur Naturgeschichte der Turbellarien. Greifswald 1851. 4. p. 62—65. Taf. VI. Fig. 2—10.

4) a. a. O. Mémoires de l'Acad. roy. de Belgique. T. XXXII. Bruxelles 1861. 4. p. 27. 28. Pl. IV. Fig. 5. und 9.

liegt das relativ sehr grosse Gehirn, dessen beide Seitentheile knollig und
an 0,1 mm. lang sind und von denen kurze Seitennerven ausgehen, endlich noch der Darmcanal, in dessen körniger Masse schon ein deutlicher
Hohlraum zu erkennen ist, der sich vorn an der Unterseite im spalt-
förmigen Munde öffnet. Ob hier schon ein After existirt, kann ich nicht
sagen, zuerst sah ich ihn deutlich bei 1,0 mm. langen Exemplaren. Zwei
Augen waren bereits ausgebildet und ebenfalls die Seitenorgane vorhanden und der Körper schon mit Cilien bedeckt.

Mit dem Wachsthume werden die äusseren Bedeckungen relativ dünner, das Gehirn kleiner und die Leibeshöhle also grösser. Daneben zeigt
sich schon bei 0,4 mm. grossen Jungen der Rüssel als ein bis über das
Hirn hinausreichender Canal, der eine lange vordere Abtheilung, den
später ausstülpbaren Theil, welcher innen sehr deutlich mit Cilien besetzt ist, und eine ganz kurze hintere Abtheilung zeigt, welche dem späteren Drüsentheil entspricht. Beide Abtheilungen sind durch eine dicke
Scheidewand getrennt, aus der sich nachher der stacheltragende Apparat
bildet. Bei einem 0,5 mm. langen Jungen zeigte sich vorn am Körper auf
der Rückenseite auch die Anlage des Querlappens, der beim erwachsenen
Thiere so ausgebildet ist.

Bei 1,5 mm. langen Jungen zeigen sich schon die Seitentaschen des
Darms, das Gehirn bildet seine beiden Hälften jede zu zwei lappigen
Ganglien um, die Seitennerven laufen bis zum After und enden dort mit
einer Anschwellung, der Rüssel reicht schon bis zur Mitte des Körpers,
hat aber noch die beiden so ungleich ausgebildeten Abtheilungen, und von
Augen sind vier oder auch sechs entwickelt. Die Zahl der Augen und
ihre Stellung ist bei den Jungen überhaupt sehr unbeständig und man
darf darauf desshalb in systematischer Hinsicht nicht zu viel Werth legen.

Junge von 3,0 mm. Länge und etwa 0,4 mm. Breite zeigen im Wesentlichen schon ganz die Organisation der Erwachsenen. Das Gefässsystem ist ganz ausgebildet und der Rüssel enthält schon den fertigen
Stachelapparat, doch sieht man in dieser Zeit noch oft, wie auf dem Handgriffe des Stilets sich allmählich der Stachel entwickelt und verkalkt. Am
Rüssel aber ist die Drüsenabtheilung noch sehr kurz und der Retractor
noch kürzer, und der ganze Apparat liegt noch gerade gestreckt im Körper, der Retractor ganz im Hinterende der Leibeshöhle befestigt.

Bei 4—5 mm. langen Jungen liegt der Ansatz des Retractors nicht
mehr ganz hinten, sondern weiter nach vorn, und von seinem Ansatz an
bildet er und der länger gewordene Drüsentheil eine Schlinge ins Hinterende hinein. Später wächst das Hinterende immer mehr, bis der Ansatz
des Retractors fast in der Mitte des Körpers liegt und alle Theile des Rüssels so verlängert sind, dass er nur in vielfachen Schlängelungen in der
Leibeshöhle Platz hat.

Anhang.

Einige Bemerkungen über Balanoglossus clavigerus delle Chiaje.

Taf. VII. Fig. 6—9.

In Neapel wurden im Herbste 1859 meinem Freunde Dr. *E. Ehlers* und mir sehr häufig eigenthümliche wurmartige Thiere gebracht, die von unserem Marinari lingua di voie oder di bue genannt wurden und die im sandigen Meeresgrunde am Pausilipp lebten. Die Thiere erschienen uns in ihrem Aeusseren und im inneren Bau so merkwürdig und auffallend, dass wir uns nicht denken konnten, wie sie unseren zahlreichen Vorgängern bei ihrem häufigen Vorkommen hätten entgehen können, und wir schoben es bloss auf unsere Unkenntniss in der Literatur, wenn wir uns eines ähnlichen Thiers in keiner Weise erinnerten. Aus diesem Grunde unterliessen wir eine genauere Untersuchung.

Nach unserer Heimkehr fanden wir allerdings, dass der treffliche *delle Chiaje*[1]) unsere Thiere unter dem Namen Balanoglossus clavigerus bereits beschrieb, dass aber seit der Zeit diese merkwürdigen Wesen völlig aus der Literatur[2]) verschwanden und dass sie auch einigen unserer grössten Zoologen, denen wir die mitgebrachten Exemplare zeigten, ganz unbekannt waren.

Es verdient desshalb Entschuldigung, wenn ich hier einige Bemerkungen über den Balanoglossus aus den unvollständigen Beobachtungen, die Dr. *Ehlers* und ich darüber anstellten, mittheile, indem ich im voraus bemerke, dass sie nur den Zweck haben, die Aufmerksamkeit der Zoologen und besonders unserer Nachfolger in Neapel auf dieses räthselhafte Thier zu lenken.

Die lingue di bue sind platte, schmutzig braunröthliche Thiere, die eine ausserordentliche Menge eines zähen, klaren Schleims absondern, in dem sie ganz eingeschlossen sind und der die genauere Untersuchung nicht wenig erschwert. Wir erhielten stets nur etwa 100 mm. lange Stücke (Taf. VII. Fig. 6.), aus *delle Chiaje's* Angaben erhellt aber, dass an unseren Exemplaren ein wenigstens noch 100 mm. langes hinteres Ende fehlte. Das Thier ist ganz platt und seine Seiten sind fast blattartig und machen verschiedene wellenförmige Bewegungen.

Man kann an unserem Wurme zunächst den kurzen und fast cylindrischen Kopf *t* mit dem Rüssel *r* vom langen und platten Körper unterschei-

---

1) Memorie sulle storia e notomia degli animali senza vertebre del Regno di Napoli. Vol. IV. Napoli 1829. p. 117—120; p. 141 und p. 154. Tav. LVII. Fig. 3—6.

2) Nur bei *Quatrefages* a. a. O. Annales des Scienc. nat. [3]. VI. 1846. p. 184. Note findet sich der Balanoglossus erwähnt. Es heisst da: »Ce dernier ne saurait appartenir à la famille des Némertiens, telle que je viens de la définir. — — On doit je crois le regarder comme un de ces types de transition, toujours difficiles à classer. — —«

den und am letzteren wieder drei hinter einander folgende Abschnitte
annehmen. Der vordere Abschnitt *a* ist auf der Rückenseite in der Medianlinie besonders verdickt, der zweite *b* ist ohne diese Verdickung und
der hintere endlich, den wir.nie beobachten konnten, enthält die von
delle Chiaje beschriebenen flaschenförmigen Gefässerweiterungen, die von
diesem Forscher als Respirationsorgane angesehen werden.

Das Wesentliche in der Organisation ist, ·dass die ganze Länge des
Thiers von zwei in einander liegenden sich hinten öffnenden Canälen
durchlaufen wird, von denen der grössere (Taf. VII. Fig. 8. *h*.) vorn am
Kopf unter dem Rüssel (Taf. VII. Fig. 7. *h'*.) seinen Eingang hat und von
delle Chiaje »Leibeshöhle« genannt wird, während der engere innere *v*
dagegen sich vorn im Rüssel öffnet (bei *v'*) und von demselben Forscher
als »Verdauungscanal« bezeichnet ist.

Der R ü s s e l *r* kann ganz in die Kopfhöhle zurückgezogen werden
und besteht nach *delle Chiaje* aus zwei seitlichen Blättern, die sich zu
einer Röhre aneinander legen können und zwischen denen im Grunde
der Mund, der Eingang in die Röhre *v* liegt.

Die ganze Oberfläche des Thiers ist dicht mit Cilien besetzt und man
denkt desshalb wegen seiner Verwandtschafts-Verhältnisse zunächst an
Turbellarien, mit denen die weitere Organisation aber kaum noch zu-
sammenstimmt.

In der vorderen Abtheilung des Körpers *a* laufen neben den beiden
Canälen *h* und *v* (Taf. VII. Fig. 9.) noch zwei andere *z*, deren Ausmündung
aber nicht beobachtet wurde, und im Canale *v* wird die Wand von eigen--
thümlichen Ringen, wie in einer Luftröhre, gebildet. Diese R i n g e bestehen aus einer hyalinen, festen Masse, so dass man beim Durchschnei-
den deutlich ihren Widerstand fühlt; sie sind 0,18 mm. breit und enthalten regelmässig gestellte Löcher in zwei Reihen neben einander. Sie
folgen in geringen Abständen hinter einander und verändern sich in Ka-
lilauge gar nicht. Ob diese Ringe wirklich ganz geschlossen sind oder
nicht vielleicht aus zwei gegen einander gestellten und oben oder unten
offenen Halbringen bestehen, kann ich nicht angeben.

Die blattartigen Seitentheile des Körpers sind ganz von einer ausser-
ordentlichen Zahl grosser S c h l e i m d r ü s e n angefüllt. Es sind dies gewöhnlich 0,2—0,3 mm. weite Schläuche, mit 0,032 mm. grossen Zellen,
die jede einen Schleimtropfen enthalten. Im zweiten Abschnitte *b* des Körpers sind diese Schläuche oft traubig zusammengruppirt und an der Unterseite bei *y* scheinen besonders mächtige Drüsen auszumünden.

Von G e f ä s s e n sahen wir einen Ring vorn um den Anfang des Körpers und ein davon ausgehendes Mediangefäss auf der Rücken- und Bauchseite. *Delle Chiaje* giebt ausserdem noch jederseits ein Seitengefäss an,
von dem im hinteren Abschnitte die erwähnten flaschenförmigen Anhänge,
seine s. g. Respirationsorgane ausgehen.

G e s c h l e c h t s o r g a n e haben wir nicht beobachtet, jedoch führt *delle Chiaje* an, dass im vorderen Körperabschnitte der Verdauungscanal aussen von Eiern umgeben sei.

Der ganze Körper ist von einer dicken structurlosen Haut eingeschlossen, die sich bei der Maceration leicht abhebt, und in der Körperwand findet man lange bandartige Muskelfasern.

Diese Thiere haben ein sehr zähes Leben, sie lebten mehrere Tage nur mit wenig Seewasser bedeckt in unseren Gefässen und machten nie wirkliche Ortsbewegungen, obwohl die Seitentheile und der Rüssel in steten Bewegungen begriffen waren.

Delle Chiaje enthält sich jeder Aeusserung über die Stellung seines merkwürdigen Thiers im Systeme, und auch ich kann nur angeben, dass es keiner der bisher aufgestellten Wurmclassen angehört. Nur genaue Untersuchungen über die innere Organisation und über die Entwickelung können dem Balanoglossus seinen Platz im System anweisen, und solche zu veranlassen, ist der Zweck dieser so unvollständigen Bemerkungen.

VII.

Beiträge zur Kenntniss einiger Anneliden.

Taf. IX, X und XI.

Für die Untersuchung der Anneliden ist St. Vaast la Hougue wegen des weiten und felsigen Ebbestrandes ein sehr geeigneter Ort und es ist nicht weit davon, auf der Ostseite von la Manche, besonders auf den îles Chausey, wo *Audouin* und *Milne-Edwards*[1]) ihre so bahnbrechenden Untersuchungen über diese Thierclasse anstellten, welche auch mir fast stets zur Grundlage dienen konnten. Die Menge des übrigen Materials und die Kürze der Zeit liessen mich aber das treffliche Annelidenmaterial in St. Vaast lange nicht bewältigen und die grosse Fundgrube namentlich, welche die frisch in die Austernparks gebrachten Austern bilden, musste ich fast ganz unberührt lassen.

Was die Organisationsverhältnisse der Anneliden betrifft, so hat *Th. Williams*[2]) das grosse Verdienst, zuerst auf die Anwesenheit und weite Verbreitung der von ihm so genannten »Segmentalorgane« aufmerksam gemacht zu haben, welche in vielen Fällen mit den noch so unbekannten Geschlechtstheilen in directem Zusammenhange stehen, obwohl *Williams*

---

1) Recherches pour servir à l'histoire naturelle du littoral de la France. Tome II. Annélides. Prem.part. Paris 1834. 8. (auch in den Annales des Scienc. nat. T. XXVII —XXX. 1832—33.)

2) Researches on the Structure and Homology of the reproductive Organs of Annelids, in Phil. Transact. 1858. Vol. 148. Part. 1. London 1859. p. 93—145. Pl. VI —VIII. (read 12. Febr. 1857.)

darin, dass er die Segmentalorgane für die wirklichen Bildungsstätten
der Geschlechtsproducte hält, während sie höchstens nur die Ausführungsgänge für dieselben sind, sicher zu weit geht, wie das schon *Claparède*[1]), dessen Untersuchungen über diese Verhältnisse viele Klarheit
gebracht haben, ausführt.

Wenn ich auch die Segmentalorgane bei vielen der von mir untersuchten Anneliden auffand, so konnte ich über die eigentlichen Geschlechtsorgane nur selten ins Reine kommen, besonders wohl aus dem
Grunde, weil die Jahreszeit der Entwickelung der Geschlechtsproducte im
Ganzen ungünstig war.

Aus meinen zahlreichen Beobachtungen über den Blutkreislauf der
Anneliden eine allgemeine Darstellung zu geben, kann ich ganz unterlassen, da vor Kurzem *Milne-Edwards*[2]) seine grossen Erfahrungen über
diesen Punct zu einem trefflichen Gesammtbilde vereinigt hat.

Im Folgenden gebe ich eine kurze Beschreibung der von mir genau
beobachteten Anneliden, indem ich bei jeder die speciell an ihr gemachten Untersuchungen über den Kreislauf, die Nervenendigungen und die
Geschlechtsorgane hinzufüge und die grosse Zahl der nur unvollkommen
beobachteten ganz weglasse.

1. Nereis Beaucoudrayi.

Taf. VIII. Fig. 1—6. 12.

Nereis Beaucoudrayi *Audouin* et *Milne-Edwards* Ann. des Sc. nat. T. XXIX. 1833.
p. 214. Pl. 13. Fig. 1—7, und Littoral de France a. a. O. II. 1. 1834. p. 192—194.
Pl. IV. Fig. 1—7.

Beschreibung. Das Kopfsegment ist etwas länger, als das
erste borstentragende. Vier linsenlose Augen, von denen das vorderste
Paar weiter auseinander steht, als das hintere. Die Fühlercirrhen
sind nicht lang, die längsten reichen etwa bis ans fünfte borstentragende
Segment. Oben am Fussstummel fehlt eine lappige Ausbreitung, an
der Seite ist derselbe in vier nach unten kürzer werdende Zungen zerschnitten. Bauchcirrhus unbedeutend, Rückencirrhus vorn kaum länger,
als die obere Zunge, hinten etwas über sie hinausragend. Am Rüssel
sind die Kiefer jeder mit sieben Zähnen versehen; die Kieferspitzen (Fig.
4 und 5) bestehen am ausgestülpten Rüssel vorn an der Rückenseite aus
zwei seitlichen Haufen und in der Mittellinie aus zwei hinter einander
liegenden Spitzen, an der Bauchseite aus drei Haufen, in der hinteren
Abtheilung aber an der Rückenseite jederseits aus zwei grösseren blatt-

---

1) Recherches anatomiques sur les Annélides, Turbellaries, Opalines et Grégarines observés dans les Hébrides, in Mémoires de la Soc. de Physique et d'hist. nat.
de Genève. Tome XVI. Partie 1. Genève 1861. p. 99.

2) In seinen Leçons sur la Physiologie et l'Anatomie comparée de l'homme et
des animaux. Tome III. Paris 1858. 8. p. 247—279.

artigen Spitzen und in der Mittellinie aus drei kleineren im Dreieck
stehenden, an der Bauchseite dagegen aus zwei Querstreifen kleiner
Spitzen. In der vorderen Abtheilung des Thiers sind die Grenzen der
einzelnen Ringe durch ein glänzendes grünes Pigment bezeichnet. — Bis
150 mm. lang.

Sehr häufig in St. Vaast am Ebbestrande unter Steinen, wo sie sich
im Sande lange verzweigte Gänge bauen.

Mit völliger Gewissheit kann ich es nicht angeben, ob diese häufigste
Nereis von St. Vaast mit der genannten Art der Iles Chausey identisch
ist. Die Kieferspitzen, auf die ich einen besonderen Werth legen möchte,
da sie bei allen Exemplaren, die ich darauf ansah, ganz gleich angeordnet waren, passen im Allgemeinen, in den grossen Kiefern sollen dort
aber zehn Zähne sein. Die Fussstummel kommen ziemlich mit einander
überein, aber die Endglieder der grossen zusammengesetzten Borsten
sind bei der Art von St. Vaast deutlich gezähnelt, während sie bei N.
Beaucoudrayi glatt sein sollen. Doch scheinen mir diese Unterschiede alle
nicht wesentlich.

Sonst würde die Art von St. Vaast am meisten sich der Nereis pelagica Lin. von Grönland nähern, besonders da hier das Kopfsegment
stets grösser ist, als das erste borstentragende, während sie bei N. Beaucoudrayi gleich sein sollen, aber die N. pelagica, von der ich viele Exemplare untersuchte, hat ganz andere Kieferspitzen am Rüssel, als meine
Art von St. Vaast, so dass sie dadurch sofort unterschieden werden
können.

Der Rüssel (Fig. 1 und 2) besteht aus zwei hinter einander liegenden Abtheilungen, nämlich (im eingezogenen Zustande) aus einer vorderen dünnhäutigen, welche die beschriebenen Kieferspitzen trägt und
einer hinteren dickmuskulösen, in der die beiden Kiefer befestigt sind
und die sich etwa vom dritten bis sechsten Ring erstreckt. Diese letztere
Abtheilung enthält eine sehr complicirte Muskulatur, welche die an der
Bauchseite liegenden Kiefer gegen einander bewegt, die ich hier aber
nicht weiter beschreiben will, und hinten setzen sich an dieselbe die
Rückziehmuskeln des Rüssels, welche sich etwa beim neunten Ring an
die Körperwand befestigen.

Auf diesen Rüssel folgt eine ein bis zwei Körperringe lange Darmabtheilung (Fig. 1 und 2 i'), die grosse drüsige Papillen im Innern trägt
und in die vorn jederseits eine längliche, vielfach ausgebuchtete Drüse s
einmündet. Dann kommt der Darm c, der später in jedem Gliede eine
bedeutende Erweiterung erleidet.

Der Kreislauf von Nereis ist bereits von mehreren und vortreff-
lichen Beobachtern geschildert, so von R. *Wagner*[1]), *Milne-Edwards*[2])

---

1) Zur vergleichenden Physiologie des Blutes. Leipzig 1833. 8. p. 53—55.
2) Recherches pour servir à l'histoire de la circulation du sang chez les Anne-
lides, in Ann. des Sc. nat. [2.] X. 1838. p. 209 · 211. Pl 12. Fig. 1.

und besonders von *H. Rathke*[1]), aber der K r e i s l a u f i m R ü s s e l (Fig.
1 und 2) ist so complicirt, dass er noch mancherlei Neues geboten hat.
Hier sind besonders die Einrichtungen bemerkenswerth, welche beim
Ausstülpen des Rüssels es möglich machen, dass in den hinteren Körper-
theilen der Kreislauf ungestört fortdauert, und welche aus zwei Paar fein
ausgebildeten Wundernetzen bestehen, die in diesem Falle eine grosse
Menge Blut in sich aufstauen können.

Erst beim neunten Körperringe wird der Kreislauf regelmässig und
bleibt dann so bis ins Körperende, wie ihn *Rathke* und *Milne-Edwards*
beschreiben. Es existirt dort ein Rückengefäss, in dem das Blut von hinten nach vorn getrieben wird, und ein Bauchgefäss; das erstere giebt in
jedem Ringe jederseits ein Seitengefäss ab, welches das Hautgefässnetz
der Rückenseite des Ringes und Fussstummels speist und bei *k* in das
Seitengefäss des Bauchgefässes übergeht, so dass auf diese Weise in jedem Körperringe ein Gefässring entsteht; das Ringgefäss des Bauchstam-
mes ist aber complicirter, denn es giebt nach hinten einen starken Ast *h*
ab, der im nächst hinteren Ringe ein feines Netz auf dem Darme bildet,
und speist ausserdem durch einen besonderen Ast *l* die Hautgefässe auf
der Bauchseite. *Milne-Edwards* beschreibt a. a. O. von Nereis Ilarassii
in jedem Ringe zwei Aeste des Rückengefässes, die sich auf dem Darme
verbreiten, welche ich bei der von mir untersuchten Art nicht gefunden
habe. Das Hautgefässnetz, welches sehr fein ist und das man bei den
meisten Borstenwürmern antrifft und das dem Kreislauf einen hohen Grad
von Vollkommenheit giebt, besteht bei Nereis also in jedem Körperringe
aus vier von einander ganz gesonderten Systemen, zwei an der Bauchseite
und zwei an der Rückenseite.

Vom neunten Segmente nach vorn giebt das Rückengefäss keine
Seitenäste mehr ab und es fehlt auf der Rückenseite dort dem entsprechend das Hautgefässnetz ganz. Das Bauchgefäss giebt von hinten an bis
zum fünften Segmente regelmässig die beschriebenen Aeste ab, und im
Segmente V bis IX haben wir also auf der Bauchseite noch ein Hautgefässnetz, während es auf der Rückenseite schon bei IX aufhört.

Das Bauchgefäss endet am hinteren Abschnitte des Rüssels bei *a*, läuft
in einer dünnen Verlängerung allerdings auf der Bauchseite des Rüssels
nach vorn fort, verzweigt sich baumförmig und mündet mit seinen feinen
Zweigen vorn an der Grenze der beiden Rüsselabtheilungen in das Ringgefäss *e*, giebt aber den Haupttheil seines Blutes bei *a* an die beiden Seitengefässe *b*, welche an der Seite der hinteren Rüsselabtheilung bei *b'*
sehr dichte Wundernetze bilden, die sich auf eigenen häutigen seitlichen
Ausbreitungen dieses Rüsseltheils verzweigen und welche *Rathke* als or-
gana reticulata lateralia zuerst anführt. Vorn sammelt sich dies Wunder-

---

1) De Bopyro et Nereide commentationes anatomico-physiologicae duae. Rigae
et Dorpati 1837. 4. p. 46—55. Tab. II. Fig. 6, 8, 11. Tab. III. Fig. 13, 14, 15.

netz wieder zu einem Stamme *c*, der in der Nähe des Kopfes aus dem Rückengefäss entspringt.

Das Rückengefäss theilt sich vorn in zwei Aeste, die auf der Rückenseite zurücklaufen und sich alsbald wieder gabeln und ihren einen Schenkel *c*, wie angegeben, zum vorderen Pole des hinteren Wundernetzes schicken, während der andere *d* zur hinteren Rüsselabtheilung geht, sich dort sternförmig zu feinen Gefässen *d'* auflöst, die auf der Rückenseite diesen Rüsseltheil umspinnen, an der Seite theilweise mit dem beschriebenen Wundernetze zusammenhängen und vorn in dem Gefässring *e* münden.

Gleich hinter dem Kopfe aber entspringt aus dem Rückengefässe noch jederseits ein Gefäss *g*, das sofort zum vorderen Rüsseltheile geht und sich an der Bauchseite desselben in ein vorderes Wundernetz *g'* auflöst, welches seinen hinteren Pol in der Nähe des Gefässringes *e* hat und auch in diesen einmündet, sodass beide Paare von Wundernetzen durch diesen Gefässring *e* in Verbindung stehen. Dieses vordere Paar der Wundernetze (org. reticulata infer. *Rathke*) ist jedoch viel unbedeutender, als das hintere Paar, liegt dem Rüssel dicht an und ist nicht auf einem besonderen Hautlappen ausgebreitet.

Am ausgestülpten Rüssel, wo also die Gefässe *c*, *d*, *g* von hinten nach vorn laufen, wird der Kreislauf besonders wohl durch den Druck in der Mundöffnung fast ganz aufgehoben, dadurch würde auch der Kreislauf im hinteren Theile des Wurms völlig gestört, wenn nicht die Wundernetze Reservoirs für das ankommende Blut bildeten und es langsam auf der anderen Seite wieder abgäben. Besonders schwillt das hintere Paar Wundernetze gewaltig an, sodass man zuerst eher ein grosses Blutextravasat vor sich zu haben glaubt, als ein Netzwerk angeschwollener Gefässe, weil die Zwischenräume der Maschen fast ganz ausgefüllt sind und die Wand eines Gefässes unmittelbar an die eines andern stösst.

Vorn treten auch Gefässe, die grösstentheils aus dem Stamme *g* entspringen, in die Basalglieder der Fühlercirrhen, von denen immer zwei und zwei über einander liegen und die man bekanntlich als veränderte Fussstummel ansehen kann. Diese eintretenden Gefässe gabeln sich alsbald, die beiden Aeste bilden viele Schlingen und Biegungen und gehen in einander über, ohne die Basalglieder zu verlassen.

2. Nereis agilis sp. n.

Taf. VIII. Fig. 8—11.

Beschreibung. Das Kopfsegment ist nicht länger, als das erste borstentragende. Vier Augen, von denen das vordere etwas näher wie das hintere zusammenstehende Paar Linsen trägt. Die Fühlercirrhen sind lang, besonders die oberen des ersten Paares. Die Segmente sind etwa dreimal breiter als lang und am Fussstummel kann man allerdings vier Zungen unterscheiden, aber die dritte ist recht kurz und die drei unteren sind zu einer besonderen Gruppe vereinigt. Die zusammengesetzten Borsten sind ebenso wie bei der vorhergehenden Art (Taf. VIII. Fig. 6. 7.). Die Bauchcirrhen sind kurz, die Rückencirrhen aber lang und überragen die längste, oberste Zunge wenigstens um das Doppelte. Im Rüssel hat jeder der beiden grossen Kiefer acht scharfe Zähne und die Stellung der Kieferspitzen wird aus der Abbildung (Taf. VIII. Fig. 8.) deutlich. Der Rüssel ist kurz, da er nur bis ans vierte borstentragende Segment reicht. Am After befindet sich erst jederseits eine kleine Papille und dann eine sehr lange Aftercirrhe.

Ich hatte von dieser Art nur 10—15 mm. lange Exemplare, von braun und roth gefleckter Färbung.

In St. Vaast am Ebbestrande, nicht häufig.

Diese Art gleicht keiner der bisher beschriebenen; am meisten kommt sie noch mit N. Dumerilii Aud. et Edw. überein, allein dort sind die Fussstummel wesentlich anders gebildet, indem das obere und das untere Paar der Zungen je eine Gruppe bildet, ferner sind die Kiefer feingezähnelt und die Augen alle ohne Linsen, auch die Fühlercirrhen kürzer.

In allen Segmenten, am deutlichsten aber in den mittleren, liegt an der Rückenseite am Anfange der Fussstummel eine kleine ovale Kapsel (Taf. VIII. Fig. 10. k.), in welcher sich ein gewundener Canal befindet. Schon Rathke[1]) beschreibt ein ähnliches Verhalten von N. Dumerilii aus der Krimm und möchte diese Gebilde am liebsten für Hautdrüsen halten. Von dem von Williams[2]) beschriebenen Segmentalorgane mit dem daran hängenden Geschlechtsapparat habe ich leider nichts beobachten können und vermag desshalb nicht anzugeben, in welcher Beziehung vielleicht diese Kapseln zu den Geschlechtstheilen, zu denen ich sie am ersten rechnen möchte, stehen.

In der obersten und zweiten Zunge der Fussstummel befinden sich ähnliche Gebilde, nämlich verknäulte Canäle x, die an den Spitzen der Zungen in langgestreckten Ausführungsgängen y auszumünden scheinen (Taf. VIII. Fig. 10.). Dass auch diese Canäle zu den Geschlechtsorganen gehören können, zeigen die schönen Beobachtungen von D. C. Danielssen[3]) am Scalibregma inflatum Rath. Hier befinden sich nämlich in den meisten (40—42) Segmenten Segmentalorgane, die nach Danielssen die Eierstöcke sind, und in den oberen und unteren »blattförmigen Anhängen«,

1) Beiträge zur Fauna Norwegens, in Nov. Act. Ac. Leop. Car. Natur. Curios. Vol. XX. Pars I. 1843. p. 164. Taf. VIII. Fig. 5.

2) a. a. O. in Phil. Transact. 1858. p. 124. Pl. VII. Fig. 14. 15.

3) In Anatomisk-physiologisk Undersögelse af Scalibregma inflatum, in dessen Beretning om en zoologisk Reise i Sommeren 1858. in Det kongelige norske Videnskabers-Selskabs Skrifter i det 19. Aarhundrete. 4. Bmds. 2. Hefte. Throndhjem 1859. 4. p. 169—172. Pl. I und II.

die vom 15. bis letzten Fussstummel vorkommen, eine grosse Menge langer kolbiger Schläuche, welche am Rande der Anhänge nach aussen münden und die in ihrem Innern Zoospermien entwickeln, wie es *Danielssen* genau beschreibt, so dass also diese Anhänge der Fussstummel die Hoden vorstellen.

Sehr interessant sind die Nervenendigungen in den Kopffühlern, die ich bei mehreren Arten von Nereis ganz übereinstimmend beobachtete (Taf. VIII. Fig. 11. 12.). In die mittleren, kleineren Kopffühler *k* schickt das Gehirn *G* eine grosse Verlängerung und füllt den ganzen Hohlraum derselben aus, so dass diese Kopffühler nichts weiter sind, als eine von einer dünnen Haut überzogene Ausstrahlung des Gehirns. Diese dünne Haut nun ist an vielen Stellen lochartig durchbrochen (Taf. VIII. Fig. 12.) und lässt die Nervenmasse frei zu Tage treten, welche an diesen Stellen dann mit langen feinen Haaren besetzt oder in solche verlängert ist.

Die seitlichen, grossen Kopffühler *k* bestehen aus zwei Abtheilungen, einem vorderen kolbigen Endgliede *a* und einem dicken Basalgliede *b*, in welches das erstere ganz zurückgezogen werden kann. In der Axe des Basalgliedes läuft die Nervenmasse zum Endgliede, vertheilt sich dort strahlenartig und endet mit stäbchenartigen Gebilden an der Wand desselben, die aussen mit kurzen steifen Haaren besetzt ist. Rund um die nervöse Axe des Basalgliedes liegt aber ein Muskel *m*, der sich oben an die äussere Wand *w* desselben ansetzt und bei seiner Contraction das Basalglied von seinem Ende her in sich invaginirt und damit zugleich das Endglied in das Basalglied hineinzieht.

Noch ausgebildetere Nervenendigungen, als die Kopffühler von Nereis, bieten diejenigen von Polynoe (Taf. IX. Fig. 30. 31.), von welcher Gattung ich eine 25 mm. lange, aus 70 Segmenten bestehende Art in St. Vaast untersuchte. Hier macht die Haut der Fühler 0,03 mm. lange cylindrische, oben zu einem 0,008 mm. dicken Knopf angeschwollene, oben offene Ausstülpungen, welche eine Verlängerung des Fühlernerven enthalten und an der offenen Stelle, wo dieser Nerv frei zu Tage tritt, steife Haare tragen.

3. Prionognathus[1]) ciliata gen. et sp. n.

Taf. VIII. Fig. 13—19.

Beschreibung. Der Kopf endet abgerundet und trägt zwei Paar Fühler, ein Paar dicke und ziemlich lange *f*, die vorn ein kleines Endglied besitzen und an der Unterseite des Kopfes vor dem Munde entspringen, und ein Paar dünne geringelte kürzere *f'*, die an der Oberseite des Kopfes gleich hinter den vorderen Augen ansitzen. Auf dem Kopfe befinden sich vier Augen, zwei vordere grosse und zwei hintere, viel enger

---

1) πρίων, ό, die Säge; γνάθος, ή, Kiefer.

zusammenstehende kleine, und vorn ist derselbe mit einer eigenthümlichen Rauhheit besetzt. Auf diesen Kopf folgen zwei Körpersegmente ohne Fussstummel,
dann treten solche auf und wachsen nach der Mitte des Körpers zu an
Länge, so dass sie dort eben so lang als der Körper breit sind. Sie haben
zwei übereinander liegende Lippen und lassen die Borsten (Taf. VIII. Fig.
18—20.) in zwei Bündeln austreten. Der Bauchcirrhus v entspringt etwa
in der Mitte des Stummels und überragt ihn kaum, der Rückencirrhus d
sitzt an der Basis des Stummels, überragt ihn etwa um das Doppelte
und trägt an seiner Spitze ein kleines Endglied.

Die Borsten der Fussstummel bestehen in dem oberen Bündel aus
zwei säbelartig gebogenen (Fig. 18.) und etwa vier von der Form Fig. 19,
die man vielleicht für die zerbrochenen Borsten Fig. 20 halten könnte,
was ich aber nicht für ganz wahrscheinlich halte. In dem unteren Bündel
befinden sich bis zwölf zusammengesetzte Borsten (Fig. 20.).

Der Schlund kann rüsselartig vorgestreckt werden, und trägt im Innern an der Rücken- und Bauchseite ein Paar Kiefer (Fig. 16. 17.). Der
Darm läuft ungeschlängelt durch den Körper.

Das Hinterende des Körpers (Fig. 14.) besteht aus einem kegelförmigen Gliede und trägt zwei Paar Aftercirrhen, von denen das mittlere,
dorsale Paar a sehr lang und gegliedert ist, das seitliche, ventrale a' kurz
und steif.

Von diesem merkwürdigen Wurme fand ich nur ein Exemplar, 25—
30 mm. lang, farblos, mit gelbem Darm und rothem Blut, in St. Vaast
am Ebbestrande unter Steinen.

Der Kreislauf ist sehr einfach: jederseits am Darme läuft ein Seitengefäss l entlang, welche vorn und hinten schlingenartig in einander
übergehen, und dazu kommt ein Bauchgefäss b, das im ersten borstentragenden Segment mit den Seitengefässen in Verbindung steht. Etwa
am dritten oder vierten borstentragenden Segmente sind die Seitengefässe herzartig erweitert (c) und verbinden sich durch eine weite Queranastomose. Aus den Seitengefässen entspringt in jedem Segment ein
Gefäss s, das eine Schlinge in dem Rückencirrhus, den man als Kieme
ansehen kann, und dem Fussstummel bildet und dann ins Bauchgefäss
einmündet. Ausserdem verbinden sich Seitengefässe und Bauchgefäss
am Darm in jedem Segmente durch ein Quergefäss, sodass sie durch eine
grosse und eine kleine Schlinge mit einander zusammenhängen. — Das
Blut ist lebhaft roth, ohne Körperchen, und in der Haut befindet sich ein
feines Gefässnetz.

Am auffallendsten ist bei diesem Wurme die Bewimperung des
ganzen Körpers (Fig. 13. 15.): auf der Rücken- und Bauchseite stehen
überall kleine kurze Cilien in Häufchen beisammen und Fussstummel und
Rückencirrhus sind zweizeilig, d. h. an der Bauch- und Rückenseite mit
langen Wimpern besetzt. Man möchte zunächst diese Cilien für ein Ju-

gendkleid halten, überdies da ich Geschlechtstheile bei meinem Wurme
nicht auffand, aber ich werde weiter unten noch andere Borstenwürmer
mit solcher Bewimperung bei voller Geschlechtsreife beschreiben.

Das Paar der **Kiefer** (Fig. 16.) an der Rückenseite des Schlundes
sitzt vor dem Paar an der Bauchseite und hängt hinten in der Mittellinie
zusammen. Jeder Kiefer besteht aus zwei Reihen von Sägezähnen, die
auf einem muskulösen Wulste stehen und Greifbewegungen machen. Die
Kiefer (Fig. 17.) an der Bauchseite des Schlundes werden von einem gebogenen Streifen gebildet, der am Anfange seiner convexen Seite mit Zähnen besetzt ist.

Dieser Wurm muss eine neue Gattung begründen, welche durch die
zwei Paar Kopffühler vorn an der Unterseite und in der Mitte der Oberseite des Kopfes, die zwei Paar Kiefer am Rüssel, die einfachen lang zungenförmigen Kiemen und die Blutgefässe mit zwei Herzen und ohne
Rückengefäss charakterisirt wird.

Die Gattung Prionognathus ist so eigenthümlich, dass sie sich keiner
der von *Grube* aufgestellten Anneliden-Familien unterordnet. Auf der
einen Seite hat sie Aehnlichkeit mit den Euniceen, dort sind aber stets
die Kopffühler hinten am Kopfsegment in eine Querreihe geordnet und
untere Kopffühler, wie bei Prionognathus, nie vorhanden, überdies finden sich auch stets mehrere Paare von Kiefern. Auf der anderen Seite
kann man unsere neue Gattung in einiger Hinsicht mit den Syllideen
vergleichen, wo bei Gnathosyllis *Schmarda*[1]) auch Kiefer (ein Paar) vorkommen, allein in dieser Familie ist stets ein medianer hinterer Kopffühler vorhanden und die vorderen, unteren Kopffühler sind zu blossen
Lappen oder Wülsten vorn am Kopf umgewandelt.

4. Lysidice ninetta.
Taf. IX. Fig. 10—16.

Lysidice ninetta *Audouin* et *Milne-Edwards*, in Ann. des Sc. nat. T. 28. 1833. p. 235.
  T. 27. Pl. 12. Fig. 1—8. und Littoral de France. a. a. O. II. 1. 1834. p. 161—
  162. Pl. III. B. Fig. 1—8.
Lysidice punctata *Grube*, in Archiv für Naturgeschichte. Jahrg. 21. 1855. Bd I.
  p. 95. 96.

Beschreibung. Der **Kopflappen** ist queroval und vorn an der
Oberseite nur ein wenig eingeschnitten, an der Unterseite vorn mit einer
Längsfurche versehen und tiefer herzartig getheilt. Auf ihn folgen zwei
borstenlose Segmente, von denen das erste länger als das zweite ist, und
vor dem ersten liegt auf dem Kopflappen ein kleines mondförmiges Feld,
von dem die drei kleinen, den Kopflappen nicht überragenden hinteren

---

1) Neue wirbellose Thiere, beobachtet und gesammelt auf einer Reise um die
Erde 1853—1857. Band I. Turbellarien, Rotatorien, Anneliden. Zweite Hälfte. Leipzig 1861. 4. p. 69.

Kopffühler entspringen und zu dessen Seiten die beiden Augen sich befinden.

Erst das dritte Körpersegment trägt F u s s t u m m e l, und zwar entspringen diese ganz an den unteren Theilen desselben, sodass der Rücken sich hoch über sie wölbt. Am Fussstummel kann man eine obere und untere Zunge unterscheiden und einen ihn etwas überragenden und an seiner Basis entspringenden Rückencirrhus. Ueber der oberen Zunge treten mehrere einfache Haarborsten durch, unter derselben zu oberst zusammengesetzte Borsten (Fig. 15.) und zu unterst Hakenborsten (Fig. 16.).

Das hinterste Segment (Fig. 11.) endet mit zwei Spitzen und zur Seite von diesen entspringen mehr an der Bauchseite gelegen zwei kurze Aftercirrhen.

Die Farbe des Thiers ist braunröthlich mit weissen Puncten und die Haut zeigt Metallglanz. Ueberall schimmert das rothe Blut im feinsten Hautgefässnetz durch. Das zweite borstentragende Segment, also das vierte der ganzen Reihe, war ganz farblos und fiel desshalb gleich in die Augen.

Meine Exemplare waren etwa 80 mm. lang, zeigten aber noch keine Geschlechtsproducte.

Das Thier sondert etwas klaren Schleim ab und sammelt sich feine Erde und Schlamm zu einer Art Röhre um sich.

In St. Vaast, nicht häufig, am tiefen Ebbestrande.

Es scheint mir diese Lysidice von der von *Audouin* und *Milne-Edwards* von den Iles Chausey beschriebenen L. Ninetta nicht verschieden zu sein. Dort wird allerdings auch von der Oberseite der Kopflappen, als deutlich zweilappig angegeben, die oberen Glieder der zusammengesetzten Borsten sind dreizackig und von einer Farblosigkeit des vierten Körpersegmentes wird nichts erwähnt und die Farbe nur als braun beschrieben: doch sind das Alles vielleicht nur unconstante Charaktere. Ziemlich vollständig passt aber die Beschreibung, welche *Grube* von seiner L. punctata von Nizza und Triest giebt: dort ist das dritte und vierte Segment farblos, die zusammengesetzten Borsten haben wie bei meinen Exemplaren nur zwei Zacken; auf der andern Seite aber fehlte bei *Grube's* Würmern das mondförmige Feld hinten auf den Kopflappen und das erste Segment war an Länge nur wenig vom zweiten verschieden. So stehen meine Exemplare von St. Vaast in vielen Charakteren zwischen den von den erwähnten Verfassern beschriebenen und es scheint gerechtfertigt, die L. punctata, wie meine Würmer, zur L. Ninetta Aud. et Edw. zu rechnen.

5. Lumbriconereis tingens sp. n.

Taf. IX. Fig. 1—9.

Beschreibung. Der Kopflappen ist conisch mit abgerundetem Ende und ohne jede Spur von Tentakeln. Dann folgen zwei borstenlose

Segmente, von denen das zweite nur etwa halb so lang als das erste ist
(bei ausgestrecktem Kopf) und an deren Bauchseite sich der Mund befindet.

Die borstentragenden Segmente sind etwa doppelt so breit als lang
und tragen nahe der platteren Bauchfläche die ziemlich kurzen, cylindrischen Fussstummel, an denen man zwei Lippen, eine vordere
und eine hintere, unterscheiden kann. Beide Lippen liegen ziemlich in
einer Höhe, so dass sie sich in der Ansicht von vorn oder hinten decken,
aber die hintere ragt über die vordere um die Hälfte ihrer Länge hinaus.
Zwischen beiden Lippen treten die Borsten durch und an der Unterseite
befindet sich zwischen ihnen noch eine dritte unbedeutendere Lippe.

Die Borsten sind ausser den dicken Nadeln von zweierlei Art, einmal
lange Haarborsten (Fig. 9.), welche an ihrem Ende säbelartig gebogen
und flossenartig verbreitert sind, und Hakenborsten (Fig. 8.), welche auf
sehr langen Stielen sitzen und deren an der Oberseite gezähnelter Haken
auf jeder Seite von einem blattartigen Spitzendecker gedeckt wird. Diese
Borsten treten in zwei übereinander liegenden Gruppen aus und die Säbelborsten gehören nur der oberen an; vom XXIV. Segment an aber hören diese ganz auf und beide Gruppen werden allein von den Hakenborsten gebildet.

Am hintersten Segmente befinden sich vier blattartige Aftercirrhen,
ein längeres dorsales und kürzeres ventrales Paar.

Das Thier sondert eine grosse Menge glashellen Schleim ab, der aber,
wenn man dasselbe stark reizt, violett ist und stark und bleibend färbt.
Mittelst dieses zähen Schleims sammelt sich das Thier Schlamm zu einer
Art Röhre.

Die Farbe ist roth von durchschimmernden Blutgefässen, die Haut
irisirt und in ihr liegen kleine gelbe, metallisch glänzende Körner, welche
in jedem Segment eine mittlere Zone bilden.

In St. Vaast, am tiefen Ebbestrande, nicht häufig. Bis 100 mm. lang.

Das Gefässsystem ist sehr ausgebildet: man hat ein Rückengefäss, ein Bauchgefäss und jederseits am Darm ein Seitengefäss. Am Darme
verbinden sich in jedem Segmente diese vier Längsgefässe durch ein Ringgefäss und überdies entspringt in jedem Segment aus dem Rückengefäss
ein Ringgefäss, das mit keinem andern Längsstamm in Verbindung tritt,
in dem Fussstummel aber eine Schlinge bildet, und von dem das Hautgefässnetz ausgeht, welches hier von ausserordentlicher Feinheit ist und
dessen feinste Zweige nur 0,007 mm. Dicke haben.

Was die Kiefer betrifft, so bestehen sie an der Bauchseite des
Schlundes aus einem unpaaren, vorn zweizackigen und gezähnelten
Stücke (Fig. 7.), an der Rückenseite aber aus einem zusammengesetzteren
Apparate (Fig. 6.). Dieser zeigt vorn zwei Paar (a, b) dreieckige Kieferplat-
ten, dann ein Paar (c) gezähnelte Stücke und auswärts von diesem zwei
Paar (d, e) ungezähnelte, säbelartig gebogene Kiefer, welche an der Basis

verschmolzen sind, *f*; zuletzt folgt ein Paar dreieckige Platten *g*, welche ihre Spitzen nach hinten kehren.

Im hinteren Theile mehrerer Exemplare befanden sich E i e r, und zwar lag in jedem Segment ein Haufen grosser und kleiner Eier, eingehüllt in einen Schlauch und an der Körperwand befestigt, zugleich fanden sich aber grössere Eier frei in der Leibeshöhle zwischen den Querscheidewänden. Es scheint demnach, dass die reiferen Eier aus dem Eierstock in die Leibeshöhle hinaustreten.

Die Wände des Körpers sind ausserordentlich muskulös, und der Wurm erhält dadurch ein festes Ansehen und die Möglichkeit zu seinen kraftvollen Bewegungen.

Die Abwesenheit aller Kopffühler nähert diese Lumbriconereis sehr der von *Audouin* und *Milne-Edwards*[1]) beschriebenen L. Latreillii von den Iles Chausey und von Marseille, aber bei dieser Art befindet sich am Fussstummel ein oberer dicker Cirrhus und die Rückenkiefer sind anders gebaut, indem bei meiner Art die Kiefer, welche die genannten Forscher in ihrer Fig. 11 mit *d* bezeichnen, ganz fehlen, dagegen aber der Kiefer *b* in zwei Theile (in meiner Fig. 6 *d*, *e*.) gespalten ist. In Betreff der Borsten und des Kopflappens, wie der Aftercirrhen ist die Beschreibung der französischen Forscher so unvollkommen, dass eine Vergleichung der Arten nicht möglich erscheint.

Besser passt die L. Nardonis *Grube*[2]) aus dem Mittelmeer: hier ist das zweite borstenlose Segment kleiner als das erste und die Borsten scheinen ähnlich wie die von L. tingens, nur spricht Grube von zusammengesetzten Hakenborsten, die bei meiner Art nirgends vorkommen. Doch hatte *Grube* nur ein verstümmeltes Exemplar und seine Beschreibung ist zu unvollständig, als dass man danach die Arten mit einander zu identificiren vermöchte.

Einige Aehnlichkeit hat auch die L. tingens mit der L. fragilis A. S. *Oersted*[3]), Lumbricus fragilis O. F. *Müller*[4]) von der dänischen Küste. Hier sind aber die beiden vorderen borstenlosen Segmente beide gleich gross und der Fusshöcker ist an seinem Ende gerade abgestutzt, besteht aber wie bei L. tingens aus zwei hinter einander liegenden Lippen; überdies sagt *Oersted*: »setis 20—22 subulatis infractis«.

---

1) Ann. des Sc. nat. T. 28. p. 242. und T. 27. Pl. 12. Fig. 13—15. und Littoral de France a. a. O. II. 1. 1834. p. 168. 169. Pl. III. B. Fig. 13—15.

2) Actinien, Echinodermen und Würmer. Königsberg 1840. 4. p. 79. 80.

3) Annulatorum Danicor. Conspectus. Fasc. I. Maricolae. Hafniae 1843. 8. p. 15.

4) Zoologia danica. Vol. I. p. 22. Tab. 22. Fig. 1—3.

6. Glycera capitata.

Taf. IX. Fig. 17—27.

Gl. capitata *A. S. Oersted* Grönlands Annulata dorsibranch., in kong. dansk. Videnskabernes Selskabs naturvid. og math. Afhandlinger. X. Decl. Kiöbenhavn 1843. 4. p. 196—198. Tab. VII. Fig. 87—88. 90—94. 96. 99.
Gl. alba *Johnston*, in Ann. Mag. nat. History. XV. 1845. p. 148. Pl. 9. Fig. 1—9.

Beschreibung. Der Kopflappen ist spitz kegelförmig, etwa dreimal so lang, als er an seiner Basis beim Gehirne dick ist, und besteht aus 22 Ringen, von denen immer je zwei und zwei ein etwas stärker abgesetztes Segment bilden. Vorn trägt er vier kleine Fühler und an seiner Basis zwei ganz kurze, warzenförmige.

Die Fussstummel sind nur kurz, zeigen drei über einander stehende Lippen, die in der Mitte des Körpers (Fig. 23.) etwas anders gestellt sind, als hinten (Fig. 25.), der Rückencirrhus ist ganz winzig, sitzt entfernt vom Fussstummel auf dem Körper und trägt an seiner Spitze Cilien. Der Bauchcirrhus fehlt und die untere Lippe ist mit langen steifen Borsten besetzt. Die Borsten treten in zwei Gruppen aus und die mittlere Lippe des Fussstummels liegt vor ihrer Austrittsebene (Fig. 24.). In der oberen Borstengruppe befinden sich gebogene Haarborsten (Fig. 27.), in der unteren zusammengesetzte Borsten (Fig. 26.).

Am Hinterende sitzen zwei lange blattartig verbreiterte Aftercirrhen. Bis 70—80 mm. lang und 3 mm. breit (ohne die Fussstummel).

In St. Vaast, nicht selten, am Ebbestrande.

Die Gattung Glycera ist besonders dadurch merkwürdig, dass in ihr alle Blutgefässe fehlen und das Blut sich frei in der Leibeshöhle befindet. Dasselbe ist lebhaft roth und die Farbe haftet an scheibenförmigen, bei G. capitata 0,018 mm. grossen Körperchen. Das Gehirn und der Bauchstrang sind von einer rothen Farbe umgeben, so dass man zuerst an diesen Stellen Gefässe zu sehen glaubt.

Durch ein Einströmen des Körperbluts wird der ungeheure Rüssel ausgeworfen, dessen Kiefer etwa beim XXVIII. Körpersegmente, im eingestülpten Zustande, liegen. Der Rüssel ist mit kleinen fingerförmigen Papillen besetzt und trägt in seinem Grunde vier grosse Kiefer, die jeder aus einem gebogenen Zahne z und einem gabelig getheilten Nebenzahne y bestehen. Diese Kiefer können durch kräftige Muskeln bewegt werden und an ihrem hinteren Theile mündet eine grosse blattförmige Drüse x. Auf diese kiefertragende Abtheilung folgt eine rundliche Darmabtheilung, deren Wand in vier Längsstreifen drüsige Gebilde enthält, dann kommt ein längerer cylindrischer Theil und endlich der eigentliche Darm, an dessen Anfang sich die Rückziehmuskeln des Rüssels ansetzen.

Das Gehirn besteht aus zwei Paar vor einander liegenden Ganglien, von denen die vorderen klein und rundlich sind und nur die hinteren untereinander zusammenhängen. Beide Hälften des Bauch-

stranges liegen dicht aneinander und bilden in jedem Segment eine Anschwellung.

Von den vorderen rundlichen Ganglien des Gehirns laufen zwei Nerven durch den Kopflappen und treten in die Kopffühler, von denen je
zwei auf einer Seite liegende von einem dieser Nerven versehen werden.
Die Kopffühler bestehen nur aus Nervensubstanz, überzogen von der
äusseren Haut, und sind dem entsprechend ganz unbeweglich.

Sehr interessante Nervenendigungen finden sich in den, wie
es scheint bisher überall übersehenen, warzenförmigen Tentakeln an der
Basis des Kopflappens. Im Wesentlichen haben sie ganz den Bau, wie er
oben von den unteren Kopffühlern von Nereis beschrieben ist (p. 99,
Taf. VIII. Fig. 11.), bei Glycera ist der Basaltheil aber ganz verkürzt, zu
einem Ringwulst, in dem aber das rundliche Endglied ebenso wie bei
Nereis zurückgezogen werden kann. In dieses Endglied tritt die Nervenmasse, strahlt fächerartig aus und endet in deutlichen stäbchenartigen
Körpern an der äussern Haut. Die Spitze des Endgliedes zeigt keine solchen dicken Stäbchen und vielleicht enden hier die Nerven noch mit viel
feineren Endorganen.

Diese Art von St. Vaast passt im Wesentlichen ganz mit der Beschreibung, welche *Oersted* von seiner Gl. capitata aus Grönland giebt, nur
sollen dort alle Borsten zusammengesetzt sein und das Thier hatte an
Spiritusexemplaren ein Verhältniss von Länge zu Breite wie 18 : 1, während es bei meinen lebenden Exemplaren etwa wie 46 : 1 ist. —

Mit der Gl. capitata ist die als Gl. alba von *Johnston* von der englischen Küste beschriebene Art wahrscheinlich identisch, mit Gl. alba
Rathke hat sie keine Aehnlichkeit, denn diese trägt am Fussstummel eine
lange fadenförmige Kieme.

7. Glycera convoluta sp. n.

Taf. IX. Fig. 28. 29.

Beschreibung. Diese Art gleicht so sehr in der allgemeinen Form,
dem Bau des Kopflappens und Rüssels der vorhergehenden Art, dass ich
mich ganz auf das dort Gesagte beziehen kann und hier nur die abwei-
chenden Verhältnisse anzugeben brauche.

Die Fussstummel tragen den kleinen Rückencirrhus an ihrer
Basis und sind überdies in fünf Lippen zerschnitten, von denen die vier
oberen paarweis neben einander stehen. Die Borsten treten in zwei
Gruppen aus, deren jeder eine dicke Nadelborste zukommt. In der oberen Gruppe sind zu oberst etwas gebogene einfache Haarborsten, unten
zusammengesetzte Borsten (Fig. 29.), deren Endglied schwach gekrümmt
ist und keine Zähnelung zeigt. Ebensolche zusammengesetzte Borsten
bilden die untere Gruppe.

Oben an der Ecke des Fussstummels gleich über dem oberen Lippenpaare sitzt die fadenförmige oder schlauchförmige Kieme, die an Länge den Fussstummel um das Doppelte übertreffen kann. Nach dem Vorhandensein oder der Abwesenheit der Kiemen kann man die Gattung Glycera in zwei Sectionen theilen: einen Gattungsunterschied kann dieser Charakter hier nicht begründen, da der Habitus und alle übrigen Verhältnisse in beiden Sectionen so ganz gleich sind und die Kiemen hier auch aus nichts weiter bestehen, als aus einer blossen Ausstülpung der Körperhöhle, also eine möglichst niedrige Organisation besitzen. In diesen Kiemen läuft das Blut aber ziemlich regelmässig, an der einen Seite ihrer Basis hinein, ganz der Länge nach an der Wand entlang und an der anderen Seite der Basis wieder in die Körperhöhle.

Die beiden Aftercirrhen sind lang, fadenförmig.

Die Papillen am Rüssel sind ziemlich lang, mit schräg abgeschnittenem Ende, an dem sich noch zwei kleine Zacken befinden.

Diese Würmer rollen sich bei der geringsten Berührung spiralig zu Kegeln oder Cylindern zusammen und strecken dann nur den Kopf umhertastend aus diesem Knäuel hervor.

Diese Glycera erhielten mein Freund Dr. *Ehlers* und ich in Neapel im Jahre 1859 sehr häufig. — Bis 170 mm. lang.

Die Gl. convoluta hat am meisten Aehnlichkeit mit der Gl. alba *H. Rathke*[1]) aus Norwegen, die mit der Nereis alba *O. F. Müller*[2]) identisch ist. Bei Gl. alba ist aber nach *Rathke's* Beschreibung der Fussstummel ganz anders gebaut, als bei der Art von Neapel, zwar zeigt er auch fünf Lippen, von denen die vier oberen paarweis neben einander stehen, aber die unterste ist so weit von diesen abgerückt, dass *Rathke* sie als Bauchcirrhus ansieht, und ferner sind die zwei Paar oberen Lippen alle dreieckig, während bei convoluta eine des unteren Paares ganz breit viereckig ist und nur wenig vorragt. Ueberdies ist bei Gl. alba die Kieme ganz kurz und erreicht nicht die Länge des Fussstummels und hat an ihrer Basis noch einen kleinen Höcker.

8. Psamathe cirrhata sp. n.

Taf. IX. Fig. 32—36.

Beschreibung. Der Kopflappen ist abgestutzt, fast viereckig, länger als breit und trägt vier im Trapez stehende Augen, die vorderen beiden grösser und näher zusammen als die hinteren. An jeder vorderen Ecke des Kopflappens befindet sich ein kleiner pfriemenförmiger Fühler und von der Unterseite des Kopflappens entspringen zwei dicke, kurze Kopffühler mit kleinem Endgliede, ähnlich wie bei Nereis. — Das Kopfsegment ist ziemlich breit und trägt jederseits vier Paar langer Füh-

---

1) a. a. O. Nov. Act. Ac. Leop. Carol. Nat. Cur. Vol. XX. Pars 1. 1843. p. 173. 174. Taf. IX. Fig. 9.

2) Zoologia danica. Vol. II. p. 29. Tab. 62. Fig. 6. 7.

lercirrhen, von denen die unteren kürzer als die oberen sind und die
aus schmalen Gliedern bestehen, unten mit einem etwas dickeren, längeren Basalgliede.

Die Körpersegmente sind zwei bis dreimal so breit als lang und tragen die ziemlich weit vorragenden cylindrischen F u s s s t u m m e l, welche
an der Spitze in zwei hinter einander liegende Lippen, von denen die
vordere länger als die hintere ist, getheilt sind. An ihrer Basis befestigt
sich der lange, gerade wie die oberen Fühlercirrhen beschaffene, Rückencirrhus, nahe ihrer Spitze der dünne, unbedeutende Bauchcirrhus. An
der Bauchseite befindet sich an der Basis der Fussstummel, eine rundliche, blattartige Erweiterung.

Die Borsten treten in zwei Gruppen aus und sind alle zusammengesetzte (Fig. 36.), ausser der einen geraden Nadel in jedem Fussstummel.

Am Hinterende befinden sich zwei lange fadenförmige Aftercirrhen.

Bei St. Vaast, am Ebbestrande und auf Austerschaalen nicht selten.
Bis 30 mm. lang.

Der Körper ist an mehreren Stellen mit C i l i e n besetzt, so in den
Räumen zwischen den Fussstummeln und an der Medianseite der Basalglieder der Rücken- und Fühlercirrhen.

Bis zum III. Segment erstreckt sich der Rüssel, der an seinem Hinterende mit 0,18 mm. langen Papillen (Fig. 34. 35.) besetzt ist, aber keine
Zähne oder Kiefer trägt.   Darauf folgt bis zum X. Segment eine quergestreifte, etwas aufgeschwollene Darmabtheilung, dann ein kurzer, viereckiger, innen mit kurzen Zotten besetzter Abschnitt, und endlich der
eigentliche Darm, der innen der ganzen Länge nach flimmert und in jedem Segment eine kleine Aussackung macht.

Das G e f ä s s s y s t e m besteht zunächst aus einem contractilen, in
den vorderen Körpersegmenten herzartig erweiterten Rückengefäss und
aus einem damit nur vorn und hinten in Verbindung stehenden Bauchgefäss. Dieses ist aber kein einfacher Stamm, sondern wird von zwei
dicht neben einander an den Seiten der unmittelbar aneinander liegenden Hälften des Nervenstranges verlaufenden Gefässen gebildet, die in
jedem Segmente durch eine Queranastomose mit einander in Verbindung
treten. Vorn kommt aus den Bauchgefässen jederseits ein Ast hervor,
der am Darm entlang läuft, und aus der Vereinigung dieser Aeste bildet
sich wahrscheinlich der mediane Stamm, der vom XI. Segmente an, auf
der Bauchseite des Darms verläuft. Aus den Bauchgefässen entspringt
in jedem Segment jederseits ein Ringgefäss, das an den Fussstummeln
sich gabelt, in ihm Schlingen und Hautgefässe bildet und sich mit dem
entsprechenden Zweige des nächst vorderen oder hinteren Seitengefässes
vereinigt. Vom XI. Segment an verbindet sich dieser Seitenast mit
dem ventralen Darmgefäss, während seine Vertheilung in den Fussstummeln dieselbe bleibt. — Das Rückengefäss giebt im ganzen Verlaufe nur
die Hautgefässe der Rückenseite ab. —

Das Geschlecht Psamathe hat *G. Johnston*[1]) für einen Wurm, Ps. fusca der Berwick–Bay aufgestellt, der in seinen Kennzeichen zwischen Syllis und Hesione mitten inne steht. Der Gattungs-Charakter lautet: »Body scolopendriform : head small : eyes four, in pairs : antennae four, short, unequal, biarticulate : proboscis thick and cylindrical, its aperture encircled with a series of papillary tentacula, edentulous : tentacular cirri four on each side, unequal: feet uniramous, bifid at the apex; the dorsal cirrus elongate, filiform, jointed; the ventral one short, tail with two filiforme styles. «

Es kann kein Zweifel sein, dass der beschriebene Wurm von St. Vaast zur so charakterisirten Gattung Psamathe gehört, obwohl er jederseits vier Paar Fühlercirrhen besitzt und die oberen Kopffühler klein und pfriemförmig, die unteren dick und zweigliedrig sind, während bei *Johnston's* P. fusca jederseits nur zwei Paar Fühlercirrhen vorkommen und die dicken Kopffühler die oberen sind, und beide, die oberen wie unteren, als zweigliedrig angegeben werden.

Oersted[2]) vermuthet, dass die Gattung Psamathe mit Castalia zusammenfiele, welche *Savigny*[3]) auf die Nereis rosea O. Fabr. gründete. Schon *Grube*[4]) spricht sich für eine Trennung der beiden Geschlechter aus, und *Oersted* beschreibt a. a. O. bei der Castalia punctata (Nereis punctata O. F. Müll.) einen Kiefer aus dem Rüssel, der bei Psamathe gar nicht vorkommt und die sonst ähnlichen Geschlechter gut trennt. Mit Psamathe Johnst. fällt noch die Halimede *H. Rathke*[5]) zusammen, von der *Rathke* eine einzigste Art, H. venusta aus Norwegen, anführt. — Der Name Psamathe ist bereits schon 1814 von *Rafinesque* an eine Crustacee, und Halimede schon 1835 von *de Haan*, ebenfalls an eine Crustacee, vergeben, so dass *Schmarda*[6]) desshalb die dahin gestellten Würmer zu seiner Gattung Cirrosyllis rechnet, und ich seinem Beispiel folgen würde, wenn er seine Gattung nur nicht zu unbestimmt charakterisirt hätte, so dass ich vorläufig den Namen Psamathe hier noch beibehalten möchte.

9. Syllis oblonga sp. n.
Taf. IX. Fig. 37—44.

Beschreibung. Der Kopflappen ist dreieckig, abgerundet, in der Mitte mit einem Längswulst und mit vier Augen, deren vorderes Paar grösser ist und viel weiter auseinander steht, als das hintere. Die

---

1) Miscellanea zoologica. The British Nereides, in Annals of Nat. Hist. or Magaz. etc. Vol. IV. 1840. 229—231. Pl. VII. Fig. 4.

2) Annul. Danic. Conspectus. 1843. p. 23. 24. Taf. IV. Fig. 64. 65.

3) Descript. de l'Egypte. Hist. nat. T. I. Paris 1809. fol. Syst. des Annél. p. 46. Note.

4, Familien d. Anneliden. 1850. p. 53.

5) a. a. O. Nov. Act. Ac. Leop. Carol. Nat. Cur. XX. 1. 1843. p. 168. 169. Taf. VII. Fig. 1—4.

6) Neue wirbellose Thiere. a. a. O. I. 2. 1861. p. 75.

vorderen Wülste am Kopfe sind länger als der Kopflappen und von elliptischer Form. Die beiden vorderen Kopffühler sind höchstens so lang wie die Wülste, der mediane überragt sie und entspringt noch etwas hinter dem hintern Augenpaare. Jederseits ein Paar Fühlercirrhen, von denen man hier wie überall jedes Paar für einen veränderten Fussstummel mit Rücken- und Bauchcirrhus ansehen kann.

Der Körper besteht aus ungefähr 60 Segmenten, von denen die vorderen etwa zweimal, die mittleren etwa dreimal so breit als lang sind. Das Hinterende trägt zwei lange Aftercirrhen.

Die Fussstummel ragen ziemlich weit aus den Segmenten hervor, tragen oben nahe der Basis den langen, kurzgegliederten Rückencirrhus, unten, näher dem Ende, den kleinen, ungegliederten Bauchcirrhus. Die Borsten treten in zwei Gruppen aus, zwischen denen die dicke, conische Nadel liegt und die Borsten sind alle zusammengesetzte, deren kurzes Endglied mit feinen Sägezähnen versehen ist.

Im Rüssel befindet sich ein conischer, stumpfer Zahn hinter einer Zone kleiner weicher Zotten.

Die Farbe ist bräunlich, da die meisten Segmente in der Mitte mit einer Zone bräunlichen Pigments versehen sind.

In St. Vaast am Ebbestrande, nicht selten. Bis 10—20 mm. lang.

Was die Verdauungswerkzeuge (Fig. 37.) betrifft, so beginnen diese mit einem kurzen, etwa bis ins III. Segment reichenden Rüssel a, der in seiner hinteren Abtheilung mit kegelförmigen, nach vorn gerichteten Zotten besetzt ist; dann folgt eine bis ins XII. Segment reichende, dickwandige Abtheilung b, die innen mit einer sehr mächtigen Cuticula ausgekleidet ist, welche durch die dunklere Färbung sofort ins Auge fällt; ganz vorn in dieser zweiten Abtheilung befindet sich ein nach vorn gerichteter Zahn z von stumpf kegeliger Form, der bei ausgestülptem Rüssel (Fig. 39.) ganz vorn an ihm sitzt und von den weichen Zotten umgeben wird. Diese zweite Abtheilung ist im ganzen Verlaufe durch unzählige Muskeln an die Körperwand befestigt, welche hauptsächlich wohl das Zurückziehen des Rüssels besorgen werden.

Vom XII. bis XVII. Segment ist der Darmcanal wieder erweitert (c), da die Muskelhaut nur dünn die innere Cuticula überzieht. Diese ist mit kleinen, spitzen Zähnen besetzt, welche sehr regelmässig in Querreihen geordnet sind, so dass in einer Ansicht von der Seite diese Abtheilung mit Querreihen dunkler Puncte besetzt erscheint. Endlich folgt vom XVII. bis XXI. Segment die vierte Abtheilung d des Darmcanals, die nach hinten sich etwas verjüngt und dort in den eigentlichen Darm f übergeht, der sehr regelmässig in jedem Segment eine wulstförmige Aussackung macht. In der Mitte dieser vierten Abtheilung mündet auf jeder Seite eine Drüse e ein, welche sich ziemlich lang bis zur dritten Abtheilung hin erstreckt und aus deren Seitenfläche, näher ihrem Hinter- als ihrem Vorderende, der Ausführungsgang entspringt.

Im hinteren Drittel des Thiers findet man an der Bauchseite in jedem Segmente jederseits ein S e g m e n t a l o r g a n (Fig. 40. 41.), welches der Bauchwand dicht anliegt und in das man von vorn und von hinten einen Canal eintreten sieht. Im Innern konnte ich keinen Canal verfolgen und nahm überhaupt nirgends Wimperbewegung wahr, bemerkte aber deutliche Zellen.

Bei den meisten Exemplaren waren die hinteren zwei Drittel strotzend mit G e s c h l e c h t s p r o d u c t e n, entweder blauen Eiern oder weissem Samen (Fig. 44.), gefüllt, mit deren Bildung die Segmentalorgane offenbar gar nichts zu thun hatten.

Diese Art von St. Vaast hat am meisten Aehnlichkeit mit der S. tigrina *H. Rathke*[1]) aus Norwegen, allein dieselbe besitzt einen vorn spitz ausgezogenen Kopflappen, kurze Kopfwülste, welche von den Kopffühlern weit überragt werden, die Augen stehen überdies fast in einer geraden Querlinie und die Segmente sind viel schmäler, als bei S. dentifer, ausserdem zeigen auch die Enden der Borsten keine Zähnelung.

In St. Vaast fand ich auch mehrere Syllis, die völlig mit der S. oblonga übereinstimmten, wo aber um den Zahn im Rüssel nur wenige grössere Zotten in einem Kranze standen und die Samenfäden keine stabförmigen, sondern kürzere, spitz ovale Köpfe hatten. Ich wage nicht zu entscheiden, ob auf diese Unterschiede eine Species zu gründen wäre und ob ich nicht vielleicht andere Unterschiede nur übersehen habe.

10. Syllis·divaricata sp. n.

Taf. IX. Fig. 45—47.

B e s c h r e i b u n g. Der K o p f l a p p e n ist breit oval, oft vorn etwas breiter als hinten; vorn stehen auf ihm die vier A u g e n im Trapez, das vordere grössere Paar weiter auseinander als das hintere. Die Kopfwülste sind wenigstens so lang wie der Kopflappen und divergiren vorn: an ihrem abgestutzten Ende sind sie mit steifen Borsten besetzt, an den andern Stellen mit feineren Cilien. Die drei Kopffühler überragen die Kopflappen weit und der mediane steht etwa in gleicher Linie mit den vorderen Augen. Die zwei Paar Fühlercirrhen sind lang, ob und wie sie und die übrigen Cirrhen geringelt sind, habe ich leider vergessen zu notiren.

·Die F u s s s t u m m e l tragen nahe der Basis den langen Rückencirrhus, welcher mit einzelnen steifen Haaren besetzt ist, näher ihrer Spitze den kleinen Bauchcirrhus und sind an der Rückenseite mit Cilien bedeckt. Die Borsten sind alle zusammengesetzte, mit schmalem, messerförmigem Endgliede.

Der R ü s s e l ist ganz kurz, auch die zweite, innen von der dicken

1) a. a. O. Nov. Act. Ac. Leop. Carol. Natur. Curios. Vol. XX. I. 1843. p. 165. 166. Taf. VII. Fig. 9—11.

Cuticula ausgekleidete Darmabtheilung erstreckt sich nur bis zum VII.
Segmente, trägt aber vorn, wie bei der vorigen Art, einen stumpf-coni-
schen, ziemlich mächtigen Zahn. Die dritte, mit den in Querreihen gestellten Zähnen versehene Darmabtheilung, läuft vom VII. bis XII. Segmente, und unmittelbar dahinter münden die beiden Anhangsdrüsen ein.

In St. Vaast am Ebbestrande, nicht häufig. — Bis 20 mm. lang.

Die hinteren zwei Drittel des Wurms findet man oft mit Eiern angefüllt, und im vorderen Drittel bemerkt man in jedem, oder doch vielen
Fussstummeln grosse, in Schläuchen (Fig. 46. ov.) eingeschlossene Eier-
massen, es scheint dies die Bildungsstätte der Eier zu sein und ich
kann nicht angeben, wie weit diese mit den Segmentalorganen, die ich
bei der vorigen Art beschrieb, bei dieser aber nicht fand, in Verbindung
stehe. Schon *Milne–Edwards*[1]) beschreibt von seiner Syllis maculosa
von Nizza »un organe glandulaire qui est situé prés de sa base dans la
cavité viscerale, qui communique au dehors par un orifice et qui parait
être un ovaire«.

Zu dieser Art scheinen mir junge, nur 0,5 mm. lange Exemplare von
Syllis zu gehören, die ich in St. Vaast zuweilen mit dem dichten Netze
fischte (Fig. 48.). Die Kopfwülste sind noch zu einem vereinigt, die Kopffühler noch kurz und alle Cirrhen noch ganz rudimentär, überdies tragen
die vorderen Augen spitz ovale Linsen, aber die Form der Borsten (Fig. 50.)
ist ganz wie bei Syllis divaricata (Fig. 47.). Es sind nur 8 Segmente vorhanden, und vorn vor den Fühlercirrhen befindet sich noch ein embryo-
naler Wimperkranz.

Mit der Syllis divaricata könnte man der Beschreibung nach nur die
Syllis vittata *Grube*[2]) von Palermo verwechseln, allein ausser den gelben
Querstreifen bei dieser Art, sind auch die Endglieder der Borsten sichel-
artig gebogen und die Cirrhen dunkelbraun gefärbt, während die Art von
St. Vaast farblos ist und nur der Darm gelb durchschimmert.

In der Form der Borsten stimmt die Syllis zebra *Grube*[3]) aus dem
adriatischen Meere ziemlich mit der S. divaricata überein, ist jedoch
ausser durch die braunen Querstreifen durch die ganz schmalen Segmente
hinreichend unterschieden.

Grube[4]) hat neuerdings eine Gattung Sylline aufgestellt, welche sich
von Syllis nur durch die zusammengewachsenen Kopfwülste, die unge-
ringelten Cirrhen und das Fehlen der Bauchcirrhen unterscheidet. Was
den ersten Charakter betrifft, so glaube ich, dass er bei jungen Syllis
überall vorkommt, ich habe wenigstens verschiedene Junge von 0,5—2 mm.

1) In *Cuvier* Règne animal. Edit accomp. de planches. Annélides Pl. 15. Fig.
1. c. Explication.

2) Actinien, Echinodermen und Würmer. 1840. 4. p. 77.

3) Ein Ausflug nach Triest und dem Quarnero. Berlin 1861. 8. p. 143. 144.
Taf. III. Fig. 7.

4) a. e. a. O. p. 144. Taf. III. Fig. 8.

Länge gesehen, 'die mehreren Arten angehörten, welche die Kopfwülste noch zu einem verwachsen hatten. *Grube* beschreibt eine Sylline rubro-punctata aus der Adria, welche er in der Tafelerklärung zu seinem Buche p. 172 jedoch als Syllis longicirrhata Gr. anführt.

11. Polybostrichus Müllerii.

Taf. XI. Fig. 1—6.

Männchen von Sacconereis helgolandica? *Max Müller*, in Archiv f. Anat. u. Physiolog. 1855. p. 18—21. Taf. III.

Beschreibung. Der Kopflappen ist queroval, vorn ein wenig ausgeschnitten und trägt vier Augen, die nicht hinter einander, sondern fast ganz unter einander stehen, die ventralen Augen sind grösser als die dorsalen, und die ersteren kehren ihre halbkugeligen Linsen nach unten, die letzteren nach oben.

Vorn am Kopflappen sitzen an der Rückenseite zwei ganz winzige Kopffühler und unter diesen zwei sehr grosse. Diese grossen Kopffühler kann man etwa als die Kopfwülste von Syllis ansehen, da sie die vordere Fortsetzung von fast der ganzen Dicke des Kopflappens sind. In einiger Entfernung vom Kopfe theilen sie sich in zwei übereinander liegende Aeste, von denen der obere dick, meistens spiralartig eingerollt und wie der Basaltheil mit langen, steifen Haaren besetzt ist, während der ventrale Ast dünn ist und keinen Haarbesatz zeigt.

Jederseits befinden sich an dem schmalen Kopfsegmente ein Paar Fühlercirrhen, von denen die oberen eine gewaltige Länge erreichen und am Ende meistens sich spiralartig einrollen, während die unteren dünn und ganz kurz sind. In der Medianlinie entspringt von dem Kopfsegmente eine mächtige, unpaare Fühlercirrhe, die dicker, und mindestens eben so lang wie die beiden seitlichen ist, und gewöhnlich spiralig eingerollt, auf den Rücken zurückgebogen, getragen wird.

Alle meine Exemplare hatten 19 bis 22 borstentragende Segmente, von denen die vorderen drei aber ganz abweichend von den übrigen gebildet sind. Diese drei vorderen Segmente haben nämlich nur kurze, dreieckige Fussstummel, an denen der sie an Länge übertreffende, fadenförmige Rückencirrhus ziemlich nahe der Basis entspringt, und welche nur eine Gruppe von Borsten, mehrere zusammengesetzte (Fig. 5.) und eine nadelförmige (Fig. 4.), durchtreten lassen. In diesen drei vorderen Segmenten liegen die Hoden.

Die **Fussstummel** (Fig. 3.) der übrigen Segmente sind etwa so lang, wie der Körper breit ist, und entspringen aus der ganzen Dicke des Körpers; an ihrem Ende sind sie ziemlich gerade abgestutzt, tragen dort den fadenförmigen Rückencirrhus und haben unten einen kleinen Vorsprung, aus dem das Borstenbündel, was ebenso wie in den drei vorderen Segmenten gebildet ist, austritt. Oben unter dem Rückencirrhus schickt der

8

Fussstummel eine Menge ganz feiner, steifer Haarborsten aus, welche doppelt so lang wie der Fussstummel zu sein pflegen und welche in einer Ebene unter einander liegen und sich zur Berührung nahe stehen, dass man zuerst ein feines, längsgestreiftes und lebhaft irisirendes Blatt vor sich zu sehen glaubt.

Das Hinterende (Fig. 2.) ist abgestutzt, der After liegt deutlich auf der Rückenseite desselben und Aftercirrhen fehlen.

Ich fing diese prächtig smaragdgrünen, 2—3 mm. langen Würmer bei St. Vaast nicht selten mit dem dichten Netze.

Der Mund liegt unter dem Kopfsegmente und ist eine schmale Längsspalte. Der Darm verläuft gerade durch den Körper, macht in jedem Segmente eine kleine Aussackung und hat dicke, zellige Wände. In jedem Segmente wird der Darm an die Körperwand durch eine Querscheidewand befestigt, welche hier wie fast bei allen Borstenwürmern aus zwei vor einander liegenden, vielfach durchbrochenen Blättern besteht. Die äussere Haut zeigt auf dem Körper wellige Längslinien, auf den Fussstummeln fächerartig von der Basis ausstrahlende Linien. Die Fussstummel sitzen an der Bauchseite nur an der Seite des Körpers an, auf dem Rücken ziehen sie sich aber bis nahe der Medianlinie, wo der Körper zu einem Längswulst erhoben ist.

Das Nervensystem (Fig. 1.) besteht aus dem Bauchstrang a, dessen Hälften dicht aneinander liegen, in jedem Segmente angeschwollen sind und etwa ein Drittel der Körperbreite haben, aus dem ganz engen Schlundringe und dem Gehirn, das den Kopflappen fast ausfüllt. In die Gehirnsubstanz sind die vier Augen eingebettet: sie werden von einer roth pigmentirten Kugel gebildet, in der ich feinere Nervenenden nicht erkennen konnte, und in welche vorn eine kleinere kugelige Linse zur Hälfte eingebettet ist, über welche die äussere Körperhaut sich verdünnt und wie eine Cornea wegwölbt. Die oberen Augen sind die kleineren und kehren ihre Linsen fast direct aufwärts, die unteren sind grösser und tragen die Linsen an der Unterseite. [1])

Die drei Paar Hoden in den drei vordersten Segmenten bestehen aus einem lateralen kleinlappigen b, und einem damit in Verbindung stehenden medianen knolligen Theile c, in deren mikroskopischen Aussehen ich aber sonst keinen Unterschied wahrnahm. Die reifen Samenfäden haben länglich eiförmige, 0,004 mm. lange Köpfe, langen Schwanz (den *Müller* a. a. O. p. 20. Taf. III. Fig. 12. a übersehen hat), und finden sich in allen Segmenten frei in der Leibeshöhle, zusammen mit 0,006—0,008 mm. grossen, runden Blutscheiben. Wie sie nach aussen gelangen mögen, habe ich nicht aufzufinden vermocht.

[1]) Eine ähnliche merkwürdige Augenstellung beobachtete ich bei einem in Messina häufigen Polyophthalmus Quatref. Hier trägt das Hirn drei ziemlich in einer Querlinie stehende Augen, das mittlere befindet sich aber auf der Oberseite und kehrt die Linse nach hinten, die beiden seitlichen stehen an der Unterseite und wenden die Linsen nach vorn.

Auch alle von *Max Müller* in Helgoland beobachtete Würmer dieser
Art waren Männchen, und er wurde dadurch veranlasst, dieselben als
die männlichen Individuen seiner Sacconereis helgolandica anzusehen,
von der nur, die Eier in einem grossen Sack an der Bauchhöhle tragende
Weibchen vorkamen. Im allgemeinen Aussehen stimmten beide Sorten
von Individuen überein, aber in der Bildung und Zahl der Tentakelanhänge des Kopfes, in der Bildung der Fussstummel und des Darmcanals
weichen sie sehr von einander ab. — Wenn auch in vieler Beziehung die
Müller'sche Vermuthung wahrscheinlich ist, so glaube ich es doch für
zweckmässig halten zu müssen, wenn ich die Exemplare von St. Vaast
und die damit übereinstimmenden von Helgoland vorläufig mit dem Art-
namen Müllerii bezeichne.

Max Müller's Beschreibung stimmt mit meinen Würmern fast genau
überein, so dass an der Identität der Würmer von beiden Fundorten kein
Zweifel sein kann.

Die Gattung Sacconereis wurde von *Joh. Müller* [1]) für einen Wurm
von Triest, der seine Jungen in einem Sack am Bauche mit herumtrug,
aufgestellt. Schon *M. Slabber* [2]) hatte einen solchen Wurm aus der
Nordsee als eine Scolopendra marina beschrieben und trefflich abgebildet, ebenso wie die Jungen, welche sich in dessen Bauchsacke entwickeln. Wenn *Müller's* kurze Gattungsdiagnose auch für die von *Max
Müller* von Helgoland beschriebenen weiblichen Exemplare gut passt, so
stimmt sie doch gar nicht mit den männlichen, die allerdings *M. Müller*
auch nur zweifelnd zu Sacconereis stellen möchte. Diese letzteren Exemplare stimmen aber im Wesentlichen mit der von *Oersted* [3]) aufgestellten
Gattung Polybostrichus zusammen, von welcher derselbe eine Art P.
longosetosa aus Grönland beschreibt. Bei diesem 1 Zoll langen und aus
60—65 Segmenten bestehenden Wurme sind die sechs ersten Segmente
abweichend von den übrigen, und etwa ebenso wie bei P. Müllerii gebildet, obwohl *Oersted* nichts von ihrem Inhalte erwähnt, die Fussstummel
und Borsten passen ebenfalls ganz zusammen und im Wesentlichen auch
die Tentakelanhänge am Kopfe, wenn man dabei besonders erwägt, dass
Oersted nur Spiritusexemplare untersuchen konnte. Der Hauptunter-
schied bleibt, dass bei *Oersted's* Annelide die oberen Fühlercirrhen die
bei weitem kleineren sind, während es bei P. Müllerii gerade umgekehrt
ist, und dass *Oersted* nur zwei Augen angiebt, die aber in der Zeichnung
so langgestreckt aussehen, als die vier Augen von P. Müllerii, wenn

1) Ueber den allgemeinen Plan in der Entwickelung der Echinodermen in Abhandl. d. Akad. d. Wiss. in Berlin für 1852. (Berlin 1853.) p. 31. Note. »Gegen 30
Glieder, 5 Tentakeln, 3 davon vorn am Kopf, vier Augen mit Linsen, an den Fuss-
höckern einen Cirrhus, oben nadelförmige, unten geknöpfte Borsten. Junge in einem
Sack. Sac. Schultzii.«

2) Natuurkundige Verlustigingen. Haarlem 1778. 4. p. 83—86. Taf. X. Fig. 3. 4 u. 5.

3) a. a. O. kongl. Danske Videnskabernes Selskabs naturvid. og math. Afhandlinger. X. Deel. Kiöbenhavn 1843. p. 182—184. Taf. V. Fig. 62. 67. 71.

man sie von oben ansieht, wo sie sich fast decken und ihre Linsen nicht sichtbar werden. Ich trage demnach kein Bedenken, die beschriebenen Würmer von St. Vaast und Helgoland zu dieser Gattung Polybostrichus zu rechnen, und dieser Name müsste den von Sacconereis verdrängen, wenn, wie *Max Müller* vermuthet, die Geschlechter in der erwähnten Art äusserlich verschieden wären.

Es wird sehr schwer zu entscheiden sein, ob bei Borstenwürmern die Geschlechter verschieden aussehen, da man sie nur so selten in Begattung trifft: die Verfolgung der Entwickelung der Eier aus dem Eiersacke von Sacconereis könnte noch am ersten zum Ziele führen. Kleine Geschlechtsunterschiede sind bisher, wie ich glaube, nur bei Exogone[1] constatirt, grössere vermuthet *Grube*[2] bei Lepadorhynchus brevis Gr., konnte hier aber die Zusammengehörigkeit der verschiedenen Individuen nicht beweisen.

12. Leucodore ciliata.

Taf. X. Fig. 1—10.

L. ciliata *Johnston* Mag. of Zool. and Bot II. 1838. p. 67. Pl. III. Fig. 1—6.

L. ciliatum *Oersted* Annulat. Danic. Conspectus. I. 1843. p. 30. Taf. I. Fig. 31. Taf. VII. Fig. 104. und Arch. f. Naturgeschichte 1844. p. 105. 106.

L. ciliata var. minuta *Grube* Archiv f. Naturgeschichte. 1855. p. 106—108.

Beschreibung. Der Kopflappen ist spitz oval, mehr als doppelt so lang als breit an seiner Basis und auf dem Rücken mit einem Längswulste versehen, der sich noch auf die beiden ersten Körpersegmente fortsetzt. Die Spitze des Kopflappens, oder vielmehr seines Längswulstes, ist abgestutzt, und, wie es besonders von der Unterseite hervortritt, in zwei kleine seitliche Lippen gespalten. Auf dem Kopflappen stehen vier Augen im Viereck neben dem Längswulst und hinter den Augen an seiner Basis entspringen von seiner Oberseite die beiden gewaltigen Kopffühler, die an ihrer medianen Seite eine tiefe, mit grossen Wimpern besetzte Längsfurche haben, und zurückgebeugt mindestens bis ans XI. Segment reichen.

Der Körper besteht etwa aus 19 Segmenten, welche aus je zwei Ringen, einem vordern kurzen, und einem hintern längern zusammengesetzt sind. Die Fussstummel treten nur wenig hervor, tragen an der Basis alle einen kleinen, zungenförmigen Rückencirrhus und haben eine obere viereckige Zunge, den oberen Stummel, und darunter eine ganz kleine Hervorragung, den unteren Stummel. Die oberen Stummel enthalten lange, am Ende säbelartig gebogene und verbreiterte Haarborsten (Fig. 10.), im ersten Segmente fehlt der untere Stummel und in den Segmenten II, III,

---

1) *Oersted* Ueber die Entwicklung der Jungen bei einer Annelide und über die äusseren Unterschiede zwischen beiden Geschlechtern, in Archiv f. Naturgeschichte. XI. 1845. I. p. 20—23. Taf. II.

2) In Beschreibungen neuer oder wenig bekannter Anneliden im Archiv f. Naturgeschichte. Jahrg. 21. 1855. I. p. 100. 101. Taf. III. Fig. 13—16.

IV und VI enthalten auch die unteren Stummel nur solche Haarborsten, in den folgenden aber führen sie eine Reihe wenig vorragender Haken- borsten (Fig. 11.).

Ganz abweichend ist das V. K ö r p e r s e g m e n t gebildet, es ist bei weitem breiter als die nächst angrenzenden, und während es im Bauch- stummel die gewöhnlichen Haarborsten führt, enthält es in seinem Rücken- stummel, der übrigens gar nicht hervortritt, eigenthümlich gebildete, in der Länge des Segments neben einander liegende Hakenborsten (Fig. 9).

Das H i n t e r e n d e trägt einen trichterförmigen Ansatz, der auf seiner Rückenseite ausgeschnitten ist, so dass man von dort den After auf seiner Papille ausmünden sieht.

Vom VII. bis XII. Segmente steht jederseits auf dem Segmente un- mittelbar medianwärts vom Rückencirrhus eine lange, zungenförmige Kieme, die gleich in ziemlich vollständiger Länge beginnen und ebenso aufhören.

In St. Vaast am Ebbestrande, nicht häufig. Bis 12—15 mm. lang.

Ausserdem dass C i l i e n in der Längsfurche der Kopffühler stehen, ist auch der Kopflappen an der Unterseite vor der Mundöffnung bewim- pert, aber die grössten lappenförmigen Wimpern befinden sich an den Kiemen, welche sie zweizeilig in der Ebene eines Querschnitts umsäumen.

Was den K r e i s l a u f anbetrifft, so haben wir ein weites Rücken- und ein Bauchgefäss, die in jedem Segmente durch ein Ringgefäss in Ver- bindung treten, welches in den Segmenten, die Kiemen tragen, in diese hinein eine Schlinge bildet. Vorn geht vom Bauchgefäss ein weiter Ast in die grossen Kopffühler, in denen sich also nur ein Gefässstamm, keine Gefässschlinge befindet.

Bei einem Exemplare fand ich vom XVIII. bis XXX. Segmente die Leibeshöhle mit 0,1 mm. grossen E i e r n gefüllt, und wie dies Thier auf dem Objectträger etwas gereizt wurde, traten in mindestens zehn Seg- menten die Eier an der Bauchseite unter den Hakenborsten aus: hier scheinen also präformirte Oeffnungen zu existiren. Von Segmentalorganen habe ich nichts wahrgenommen.

Die oben citirten Beschreibungen dieser Leucodore, die *Johnston* an der englischen Küste, *Oersted* im Sunde, *Grube* bei Dieppe fand, passen mit den Exemplaren von St. Vaast gut zusammen. *Grube's* Beschreibung, die auch die ausführlichste ist, stimmt am besten, nur wird dort nicht angegeben, dass die Kiemen auf die Mitte des Körpers beschränkt sind, sondern es heisst dort: »branchiae medium corpus versus longitudine crescentes«, während sie bei meinen Exemplaren am VII. Segmente plötz- lich beginnen. Die Zahl der Haken im V. Segmente geben alle Beobachter verschieden an, *Johnston* zeichnet bei 16—18 mm. langen Thieren sieben, *Oersted* bei eben so langen zwölf, *Grube* giebt bei 6 mm. langen Thieren fünf an und meine Exemplare von 12 mm. Länge zeigten sechs. Es scheint wahrscheinlich, dass diese Haken mit dem Alter an Zahl zuneh-

men, überdies da man hinten neben ihnen stets einige kleinere und ganz
kleine unausgebildete findet.

13. Colobranchus ciliatus sp. n.

Taf. X. Fig. 12—18.

Beschreibung. Der Kopflappen ist vorn abgestutzt, erhebt
sich in der Mittellinie zu einem Längswulst, der sich auf das erste Segment noch fortsetzt, und trägt hinten vier im Viereck stehende Augen. Am
abgestutzten Vorderende des Kopflappens befindet sich jederseits ein
kleiner, pfriemenförmiger, vorderer Kopffühler und hinten an ihm zur
Seite der Augen entspringen die beiden gewaltigen hinteren Kopffühler,
die an der medianen Seite eine tiefe, flimmernde Längsfurche haben und
zurückgeschlagen mindestens bis an's X. Segment reichen.

Die mittleren der etwa 85 Körpersegmente sind zwei- bis dreimal
so breit als lang und tragen wenig vorspringende Fussstummel. Diese
bestehen aus einem rundlichen Rücken- und Bauchstummel, aus denen
die Borsten austreten, hinter welchen sie sich noch zu grossen Blättern erweitern. Am Rückenstummel befinden sich nur ziemlich aufwärts gerichtete, einfache Haarborsten (Fig. 17. *a.*), und seine blattartige Erweiterung
ist oval und nach oben stehend; am Bauchstummel dagegen ist das Blatt
viereckig, steht gerade vom Körper ab, und oben enthält er einige Haarborsten, unten eine Reihe Hakenborsten (Fig. 16. *a. b.*) und ganz zu unterst noch einige besonders gebildete, stachelartige Borsten (Fig. 17. *b.*).
In den Bauchstummeln der ersten 22 Segmente befinden sich jedoch nur
Haarborsten, dann beginnen die Hakenborsten, zunächst zwei, beim
XXXVIII. Segmente schon sieben, u. s. w.

Jedes Körpersegment trägt zwei zungenförmige, meistens auf den
Rücken zurückgebogene Kiemen, die im mittleren Körpertheil am längsten
sind. Sie sind zweizeilig bewimpert, wie bei Leucodore ciliata, aber
die Cilien auf der medianen Seite sind viel länger und breiter als die auf
der lateralen.

Das Hinterende verlängert sich jederseits neben dem After in
eine Papille, doch notirte ich gleich bei dem einzigsten Exemplare, welches ich fand, dass das Hinterende verletzt schiene, so dass also hier der
Kranz von kleinen Blättern existiren kann, wie er der Gattung Colobranchus *Schmarda* zukommt.

In der Haut befinden sich rundliche Granulationen, ähnlich wie bei
Leucodore ciliata, aber in einer Querzone auf jedem Segmente und in zwei
Längslinien dazwischen erscheint sie glatt und ist dort mit gelbem Pig-
mente versehen.

In St. Vaast am Ebbestrande; nur ein 20 mm. langes Exemplar.

Das Gefässsystem ist genau wie ich es oben von Leucodore ciliata beschrieben habe: ein Rücken- und ein Bauchgefäss, die vorn und

hinten schlingenartig in einander übergehen, und in jedem Segmente ein
sie verbindendes Ringgefäss, das in die Kiemen hinein eine Schlinge bildet; ausserdem jedoch findet sich noch jederseits am Darm ein unbe-
deutendes Seitengefäss.

Die vorderen Kopffühler tragen gruppenweis kleine Borsten,
welche, gerade wie es oben von Nereis beschrieben ist, unmittelbar der
in den Fühler eintretenden Nervensubstanz aufsitzen.

Die ganze Rückenseite des Thiers ist mit einem dichten Cilienkleide bedeckt, die Bauchseite trägt dagegen gar keine Cilien.

Vom XVI. bis LV. Segmente enthält das Thier ovale, 0,2 mm. lange,
platt-scheibenförmige Eier mit deutlichem Keimbläschen; über die Entstehung und den Austritt der Eier habe ich nichts ermitteln können.

Ich stelle diesen Wurm zu der von *Schmarda*[1]) begründeten Gattung
Colobranchus, die a. a. O. folgendermaassen charakterisirt wird: »Tentacula quatuor, duo longiora. Oculi quatuor. Segmenta aequalia. Tuber-
cula lateralia biremia. Segmentum ultimum appendicibus foliosis octo.«

Am nächsten verwandt ist die Gattung Nerine *Johnston*[2]), mit welcher,
wie schon *Leuckart*[3]) bemerkt, die Gattung Malacoceros *Quatrefages*[4])
zusammenfällt, aber hier sind nur zwei hintere grosse Kopffühler, wie
bei Spio und Leucodore vorhanden, während bei Colobranchus noch
zwei kleine vordere Kopffühler hinzukommen. Desshalb gehört auch die
Spio laevicornis *Rathke*[5]) aus der Krim, welche *Grube*[6]) zu der Gattung
Nerine rechnet, zu Colobranchus, indem die vier Kopffühler, die blattförmigen Lappen an den Fussstummeln und die Blätter um den After
gerade wie bei dem Colobr. tetracerus *Schm.* von der Bretagne und
meinem Colobr. ciliatus von der Normandie beschaffen sind. Ebenfalls
scheint auch die Spio crenatiformis *Montagu*[7]) zur Gattung Colobranchus
zu gehören, da sie zwei kleine und zwei grosse hintere Kopffühler hat,
und der obere Fussstummel, den *Montagu* allein zeichnet, eine blattartige
Erweiterung besitzt.

Die Gattung Spio O. *Fabricius*[8]) bleibt dann auf die Formen be-

1) Neue wirbellose Thiere. a. a. O. I. 2. 1861. 4. p. 66.
2) Mag. of Zool. and Bot. II. 1838. p. 70. Pl. II. Fig. 1—8.
3) Archiv für Naturgeschichte. Jahrg. 21. 1855. I. p. 77. 78.
4) Description de quelques espèces nouvelles d'annélides errantes recueillies sur
les côtes de la Manche in *Guérin-Méneville*, Magasin de Zoologie. [2] Année 5. 1843.
8. Annélides p. 8—14. Pl. 3.
5) Zur Fauna der Krym, in Mém. présentés à l'Ac. de St. Petersbourg par divers
savans. T. III. 1837. p. 421—426. Taf. VIII. Fig. 1—5.
6) Die Familien der Anneliden. Berlin 1850. 8. p. 66.
7) An Account of some new and rare marine British Shells and Animals in Transact. of the Linn. Soc. of London. T. XI. 2. 1815. p. 199. 200. Pl. 14. Fig. 6. 7. (nicht
Fig. 3. wie meistens citirt ist).
8) Von dem Spiogeschlechte, einem neuen Wurmgeschlechte, in Schriften der
Berliner Gesellschaft naturforschender Freunde. Bd. VI. Berlin 1785. 8. p. 256—
270. Taf. V.

schränkt: mit zwei grossen hinteren Kopffühlern, mit zwei oder vier
Papillen am After und mit zwei einästigen Fussstummeln; doch bedarf
diese Gattung noch einer erneuerten Beobachtung, denn *Fabricius*[1]) bildet z. B. von seiner Spio filicornis zweiästige Ruder ab.

14. Cirratulus borealis.

Taf. X. Fig. 19—22.

Lumbricus marinus cirris longissimis s. cirrosus *H. Ström*, Physik. oecon. Beskri-
    velse over Fogderiet Söndmör beligg. i Bergens Stift. I. Soroe 1762. 4. ˙p. 188
    und in Kiobenhavenske Selskabs Skrifter. X. Kiobenh. 1770. p. 26—28. Tab.
    VIII. Fig 1—4.
Lumbricus cirratus *O. F. Müller*, Zool. Danic. Prodrom. 1776. p. 215. Nr. 2608.
Lumbricus cirratus *O. Fabricius*, Fauna Groenland. 1780. p. 281—283. Nr. 266. Fig. 5.
Cirratulus borealis *Lamarck*, Hist. nat. d. Anim. s. vert. T. V. 1818. p. 300—302.
Cirratulus borealis *Oersted*, Annul. Dan. Conspectus 1843. p. 43. 44. — Archiv f.
    Naturgesch. 1844. p. 109. — a. a. O. In k. Danske Vidensk. Selsk. naturv. og
    math. Afhandl. X. 1843. p. 206—207. Tab. VII. Fig. 98. und 102.
Cirratulus borealis *H. Rathke* a. a. O., in Nov. Act. Ac. Leop. Car. Nat. Cur. Vol. XX.
    I. 1843. p. 180. 181. Taf. VIII. Fig. 16. 17.
Cirratulus borealis *R. Leuckart*, im Archiv f. Naturgeschichte. 1849. p. 196—198.
    Taf. III. Fig. 10.
Cirratulus borealis *Grube* in *Middendorff*, Reise in Sibirien. Bd. II. Thl. I. 1851. An-
    nelid. p. 14. Taf. I. Fig. 3.

Beschreibung. Der Kopf ist lang kegelförmig, vorn von unten
nach vorn schräg abgeschnitten. Sein vorderer, zugerundeter Theil ist
von dem hinteren etwas abgesetzt, und dieser zeigt meistens zwei ringförmige Eindrücke, als wenn er aus zwei Segmenten zusammengesetzt
wäre. Man kann hiernach den Kopf als aus einem kleinen, zugerunde-
ten Kopflappen und zwei undeutlich von einander geschiedenen Kopfsegmenten gebildet ansehen.

An der Grenze zwischen Kopflappen und Kopfsegment stehen, dieser
folgend, jederseits in einer etwas gebogenen Querreihe, vier bis fünf unregelmässige Augenflecke, und von dem unteren Ende derselben läuft,
meistens gerade nach hinten, auf dem ersten Kopfsegmente eine Reihe
von ganz kleinen, punktförmigen Augenflecken.

Es folgen nun die grosse Zahl der schmalen, 4 bis 5 mal breiter als
langen Körpersegmente, die im Leben ziemlich cylindrisch sind, während
sie an Spiritusexemplaren deutlicher die viereckige Form zeigten, welche
den meisten Arten zukommt. Das Hinterende ist zugespitzt, und von
oben nach hinten abgeschnitten, so dass der After über einem unteren
Lappen mündet.

Vorn auf dem ersten Körpersegmente stehen jederseits drei bis vier
Rückencirrhen in einer Gruppe, nicht in einer Querreihe, beisammen, in

---

1) a. a. O. Taf. V. Fig. 12.

dem vorderen Körpertheile steht dann noch auf jedem Segmente jederseits ein solcher langer Cirrhus, hinter der Mitte des Körpers fehlen
diese vielen Segmenten und am Hintertheile findet man gar keine mehr.
Die Fussstummel ragen gar nicht hervor, die Borsten treten aber
in zwei übereinander liegenden Gruppen aus, sodass man danach überall
einen Rücken- und einen Bauchstummel unterscheiden kann. Im I. bis
X. Segment enthalten beide Stummel einfache, feine lange Haarborsten,
vom XI. Segment an aber bis hinten kommen Haarborsten nur in den
Rückenstummeln vor, in den Bauchstummeln dagegen kräftige, etwas
hakig gebogene Nadeln mit einigen schwächern Nadeln gemischt.

Der Mund liegt an dem schräg abgeschnittenen Theile des Kopflappens etwas hinter den Augen und mündet in einen ovalen, rüsselartig
vorstreckbaren Schlund, der bis ins I. Segment reicht, und hinter diesem sieht man dort jederseits eine ovale grüne, innen flimmernde Drüse,
die bis zum III. oder IV. Segmente geht, liegen, deren Mündung und Bedeutung ich nicht kenne.

Der Wurm hat bei auffallendem Lichte Goldglanz, von in der Haut
eingelagerten gelben Körnern, und schwach irisirende Oberhaut, sonst
sieht er schmutzig roth aus von dem durchscheinenden Blute, und seine
langen Rückencirrhen oder Kiemen sind dottergelb.

Es ist dies bei St. Vaast am Strande die allerhäufigste Annelide, die
man überall in dem weichen schwärzlichen Schlamme unter den Steinen
findet, die Cirrhen weit durch den Schlamm ausgestreckt und eine grosse
Anzahl derselben nach vorn schopfartig ausgebreitet. — Ich hatte Exemplare von 12 mm. bis 100 mm. Länge.

15. Cirratulus bioculatus sp. n.

Taf. X. Fig. 23—27.

Beschreibung. Der Kopf ist spitz kegelförmig, im Ganzen wie
bei der vorigen Art. Der Kopflappen ist deutlich von den kaum von einander gesonderten Kopfsegmenten abgesetzt und trägt dort jederseits eine
kleine rundliche Erhebung mit einer stark wimpernden Grube. An der
Grenze zwischen Kopflappen und Kopfsegmenten stehen zwei grosse,
länglich viereckige Augenflecke, die sich näher der Unterseite als der
Oberseite zu befinden scheinen.

Der Körper ist lang, dünn, drehrund und trägt auf den vorderen
Segmenten jederseits eine Rückencirrhe, die nach hinten spärlicher werden und zuletzt ganz aufhören und von denen sich, wie es scheint, auf
keinem Segmente mehr als Ein Paar befindet.

Im I. und II. Segmente finden sich in den Rücken- und Bauchstummeln nur Haarborsten, dann vom III. bis XIX. Segment enthalten die
Rückenstummel Haarborsten, die Bauchstummel starke gebogene Nadeln,
und vom XX. Segment an hören in den Rückenstummeln die Haarbor-

sten auf und werden durch eine Querreihe von Haken (Fig. 27. b.) ersetzt, während die Bauchstummel wie vorher jene gekrümmten Nadeln führen.

Das Hinterende verlängert sich an der Bauchseite in einen kurzen Lappen, an dem zwei kurze Aftercirrhen sich befestigen.

Die Farbe des Thiers ist olivengrün, da die Blutfarbe ganz zurücktritt, bei auffallendem Licht aber hat es Goldglanz, von in der Haut liegenden Körnern, welche in jedem Segmente eine Querzone bilden, die auf dem Rücken in der Mittellinie zusammenhängen.

Bei St. Vaast am Ebbestrande, selten. — 40 mm. gross.

Der ausstülpbare Schlund ist ganz kurz und reicht nicht einmal bis hinten in die Kopfsegmente. Jederseits neben dem Darme liegt vom VIII. bis XIII. Segmente ein schlingenartig zusammengebogener Canal, dessen einer Schenkel farblos, der andere braun ist, und welchen ich bei der folgenden Art, wo ich ihn besser beobachtete, genauer beschreiben werde.

16. Cirratulus filiformis sp. n.

Taf. X. Fig. 28—31.

Beschreibung. Der Kopf ist im Ganzen wie bei den vorigen Arten gebildet, die Spitze des Kopflappens ist nur besonders dünn und schmal. Augen fehlen.

Der Körper ist lang, dünn und drehrund und auf den Segmenten des vorderen Theils befindet sich jederseits eine lange Rückencirrhe, die darauf spärlicher werden und hinten ganz fehlen. Auf dem ersten Segmente steht jederseits eine Gruppe von zwei oder drei solcher Cirrhen. Das hintere Ende des Körpers ist abgeplattet und verbreitert und hört endlich zugespitzt auf, indem sich an der Bauchseite des Afters die Haut noch in einen spitzen kurzen Lappen verlängert.

Von vorn bis hinten sind alle Rücken- und Bauchstummel gleich gebaut und nur mit langen dünnen Haarborsten versehen.

Die Farbe ist roth, vom durchschimmernden Blute, wo nicht der dunkle Darminhalt zu sehr vorwiegt. Das Thier rollt sich meistens wie ein Tubifex spiralig zusammen.

In St. Vaast am Ebbestrande, nicht selten. 20—30 mm. lang.

Die Oberseite des Schlundes ist grün pigmentirt und die Unterseite desselben in ein dickes Maschengewebe verwandelt, das beim Vorstülpen des kurzen schüsselartigen Rüssels strotzend mit Körperflüssigkeit gefüllt wird. Der Darm verläuft gerade im Körper und macht in jedem Segmente eine Aussackung. Man findet lange Gregarinen in der Darmhöhle und ebenso auch in der Körperhöhle.

Vom I. bis V. Segmente liegt jederseits neben dem Darme ein schlingenartig zusammengebogener Canal (Fig. 30. s.), dessen einer Schenkel braun pigmentirte Wand, der andere farblose Wand hat. Die Mündungen beider Canäle liegen dicht neben einander an der ventralen Seite des unteren Fussstummels im ersten Segmente, der farblose Ast aber mündet hier mit weiter ovaler Oeffnung nach der Körperhöhle, der pigmentirte aber durchsetzt die Körperwand und öffnet sich nach aussen mit einer runden Mündung, die rhythmische Schliessungen und Oeffnungen macht. Im farblosen Canale stehen grosse Cilien, und die Bewegung derselben ist nach dem pigmentirten Canale hingerichtet, in welchem die Cilien kürzer sind und, wie es schien, die innen befindlichen Körner sich in keiner bestimmten Richtung fortbewegten.

Wie angeführt finden sich solche wimpernde Canäle auch beim Cirratulus bioculatus, und vielleicht kann man die wimpernden Drüsen des C. borealis auch hierher rechnen. Es ist dies ein sehr ausgebildetes Segmentalorgan, das sehr wohl zur Ausführung der Geschlechtsproducte aus der Leibeshöhle dienen kann. Williams[1]) beschreibt vom C. Lamarckii Segmentalorgane aus dem Hinterende, wo ich nichts dergleichen bemerkte.

Bei mehreren Exemplaren war die Leibeshöhle strotzend gefüllt mit Zoospermien in allen Entwickelungsstadien, von grossen Zellen, solchen gefüllt mit kleinern, bis zu den reifen und freien Zoospermien, die einen spitz ovalen, 0,007 mm. langen Kopf haben. Besondere Organe, worin die Zoospermien entständen, habe ich nicht gefunden, und jedenfalls liegen ihre Bildungszellen schon frei in der Leibeshöhle.

Was das Gefässsystem betrifft, so haben wir zunächst ein contractiles Rücken- und ein Bauchgefäss. Das erstere ist im vorderen Körpertheile schlauchartig erweitert und überall mit drei Streifen dunkelbraunen Pigments versehen und endet, oder besser verfeinert sich plötzlich am III. Segment. An dieser Stelle entspringen zwei Gefässe, die jederseits an der Körperwand zurücklaufen und welche in jeden Rückencirrhus einen Ast abgeben, der ins Bauchgefäss zurückmündet. Das Rückengefäss giebt keine Seitenäste ab, und aus dem Bauchgefäss entspringt in jedem Segmente ein Ast, der zum Darme geht, sich dort verzweigt und dort vom I. bis XII. Segment in ein auf jeder Seite des Darms verlaufendes Seitengefäss einmündet; ferner kommt aus diesem Seitenaste des Bauchgefässes ein an der Körperwand ringförmig laufendes Gefäss heraus, welches das Hautgefässnetz bildet und die vielen feinen, auf den Körperdissepimenten befindlichen Gefässe abgiebt.

17. Capitella rubicunda sp. n.
Taf. XI. Fig. 7—18.

Beschreibung. Der Kopf besteht aus einem kegelförmigen, vorn zungenartig verlängerten Kopflappen und aus einem ziemlich langen Kopfsegmente. An der Basis des Kopflappens schimmert das Gehirn durch die Haut und trägt an seinem seitlichen und vorderen Rande eine grosse Menge schwarzer Augenflecke, und weiter hinten näher der Medianlinie

1) a. a. O. Philos. Transact. 1858. 1. p. 128. Pl. VIII. Fig. 22.

noch zwei etwas grössere. Neben der Basis des Kopflappens treten aus
dem Kopfsegmente zwei kurze lappige, stark wimpernde Fühler hervor,
die wie die Tentakeln einer Schnecke ausgestülpt und durch einen Muskel wieder zurückgestülpt werden.

An der Grenze zwischen Kopflappen und Kopfsegment liegt wie eine
Querspalte der Mund, der sich aber gewaltig erweitern kann und einem
kurzen, vorn blumenartig erweiterten und überall mit kurzen Papillen
bedeckten Rüssel den Austritt gestattet.

Die Körpersegmente, deren äussere Haut eine ziemlich regelmässige
Faltung oder Täfelung zeigt, sind an der vorderen und hinteren Körperabtheilung verschieden. In der vorderen Abtheilung, welche bis zum XI.
borstentragenden Segmente reicht, sind sie mindestens zweimal so breit
als lang und führen nur Haarborsten (Fig. 18.) in den jederseits zwei
warzenförmigen Fussstummeln, von denen die dorsalen aber oben auf
der Rückenseite des Thiers stehen (Fig. 14.), so dass sie von den entsprechenden ventralen, die gerade die Seite des Körpers einnehmen, weit
abliegen.

In der hinteren Körperabtheilung, welche die vordere sehr an Länge
übertrifft und die mit dem XII. borstentragenden Segmente beginnt, sind
die Segmente mindestens so lang als breit und tragen in den vier Fussstummeln nur Hakenborsten (Fig. 17.). Die dorsalen Fussstummel sind
sehr klein und stehen mitten auf dem Rücken dicht beisammen, die ventralen dagegen bilden einen stark vorspringenden Wulst um die Seiten
des Körpers, am Bauche bis nahe der Medianlinie (Fig. 15.). So ist es jedoch nur im mittleren und längsten Körpertheile, weiter hinten werden
die Segmente kürzer, und die dorsalen und ventralen Fussstummel werden an Ausdehnung einander gleich und liegen ganz gleichförmig am
Rücken und am Bauche (Fig. 16.).

Das letzte Körpersegment ist schräg abgeschnitten, und unter dem
After befindet sich noch ein kurzer ventraler Lappen.

In St. Vaast am Ebbestrande in der Erde, wo diese Würmer lose
aus Schlamm und kleinen Steinen zusammengesetzte Röhren bewohnen.
— Nicht selten. — Bis 250 mm. lang.

Bei diesem Wurme finden sich ausgezeichnete Segmentalorgane
in allen Segmenten, mit Ausnahme der vordersten neun, in denen ich sie
nicht bemerkte. Sie haben (Fig. 12.) eine deutliche Oeffnung e nach aussen und nach innen f und die Wimperrichtung in ihrem vielfach gewundenen Canale führt von innen nach aussen. Im hinteren Körpertheile, etwa
in den 36 hinteren Segmenten, ist der hintere dicke Theil des Segmentalorgans farblos grau und die Oeffnung nach aussen kreisförmig (Fig.
11 d.), weiter vorn sind die Segmentalorgane in ihrem angeschwollenen
Theile gelblich und ihre Oeffnung nach aussen ist spaltförmig (Fig. 12 e.).
Vorn liegen die Segmentalorgane mehr der Rückenwand, hinten mehr
der Bauchwand an.

In allen Segmenten, mit Ausnahme der kürzeren des Hinterendes, befindet sich auf dem Rücken zwischen dem dorsalen und ventralen Fussstummel jederseits eine spaltförmige Oeffnung, begrenzt von zwei ziemlich weit vorragenden Lippen (Fig. 7. 8 a.). Wohin diese Oeffnung führt, kann ich nicht angeben, aber es scheint wahrscheinlich, dass sie die äussere Mündung des Segmentalorgans ist. Vom XII. bis wenigstens zum XVI. Segmente liegen hinter diesen lippenartigen Oeffnungen noch zwei andere kleine Querspalten (Fig. 8 b.), deren Bedeutung mir ganz unbekannt geblieben ist.

Im Hintertheile, mindestens in den 45 hinteren Segmenten, befindet sich an der Bauchseite in jedem Segmente jederseits eine längliche braungefleckte Masse (Fig. 10. 11 c.), die ich nach der Analogie mit Capitella capitata für Ovarien halten möchte, obwohl ich in ihnen keine weitere Structur wahrnehmen konnte.

Der Darmcanal beginnt mit einem kurzen, aber weiten und papillentragenden Rüssel und verläuft dann gerade gestreckt durch den Körper in jedem Segmente mit nur geringen Ausbuchtungen. In den vorderen Segmenten (I—XI) ist der Darm etwas dickwandiger als hinten, und man kann diesen Theil vielleicht als einen Oesophagus unterscheiden. Der ganze Darminhalt ist in sehr regelmässige ovale Ballen conglomerirt, die meistens in so grosser Anzahl vorhanden sind, dass sie die genauere Beobachtung des Wurms sehr erschweren.

Das Gehirn (Fig. 13.) besteht aus zwei Paar vor einander liegenden Ganglien, von denen die vorderen die grösseren sind und die Augenflecke tragen. Der Bauchstrang hat in jedem Segmente eine Anschwellung, giebt zahlreiche Nerven ab und hat im Innern einen centralen Canal, wie ihn Claparède[1]) zuerst von Oligochäten beschreibt.

Die ganze Leibeshöhle des Thieres ist mit lebhaft rothem Blute gefüllt, welches seine Farbe sehr zahlreichen, 0,015 mm. grossen runden Blutkörpern verdankt. In der Nähe des Bauchstrangs beobachtete ich einen langen contractilen, ganz durchsichtigen Längsschlauch, der vielleicht auf das Vorhandensein mit farblosem Blute gefüllter Gefässe hindeutet. Die Farbe verdankt das Thier seiner rothen Leibesflüssigkeit, die einzelne Theile stark anschwellen und färben, andere abschwellen und erblassen macht.

Dieser merkwürdige Wurm ist am nächsten verwandt mit der Capitella capitata (Fabr.) v. Ben., von der neuerdings van Beneden[2]) und Claparède[3]) eine genauere Beschreibung geliefert haben. Die Unterschiede

1) a. a. O. Mém. de la Soc. de Phys. et d'hist. nat. de Genève. T. XVI. 1. 1861. p. 75. 104.

2) Histoire naturelle du Genre Capitella Bl., comprenant la structure anatomique, le développement et les charactères extérieurs, in Bulletin de l'Acad. roy. des Sc. etc. de Belgique. [2.] III. 1857. p. 137—162. 2 Taf.

3) a. e. a. O. p. 110—114. Pl. I. Fig. 9—14.

der neuen Species von Capitella capitata liegen in der Anwesenheit eines mächtigen, wenn auch kurzen Rüssels[1]), und zweier einstülpbarer Kopffühler. Sonst ist der Habitus, die Beschaffenheit der Fussstummel, das Blut der Leibeshöhle bei beiden Gattungen wesentlich gleich, bei C. capitata wird aber noch ein bis zum IX. Segmente reichender dünner Oesophagus, der sich dort in den viel weiteren Darm öffnet, beschrieben, während bei C. rubicunda der Oesophagus eben so dick als der Darm ist und sich nur durch etwas dickere Wände von ihm unterscheidet. Ferner trägt auch das Kopfsegment bei Cap. capitata Borstenbündel, während bei C. rubicunda dasselbe ganz nackt ist.

Wahrscheinlich waren alle Exemplare meines Wurms Weibchen, indem man der Analogie mit Capitella nach vermuthen darf, dass die Männchen an der Grenze der vorderen und hinteren Körperabtheilung einen Hoden und eine von leicht sichtbaren langen Haken besetzte Geschlechtsöffnung besitzen, wovon ich bei meinen Exemplaren gar nichts bemerkte.

Van Beneden[2]) erwähnt kurz eine von *d'Udekem* bei Ostende entdeckte Art von Capitella, die C. fimbriata, und spricht hier von einer vorstreckbaren, mit Papillen besetzten Maulhöhle. Die Angaben sind leider viel zu unvollkommen, als dass ich darauf hin das Verhältniss der C. fimbriata zu C. rubicunda von St. Vaast anzugeben vermöchte. Der von *Sars*[3]) beschriebene Notomastus latericeus aus Norwegen scheint mit der Capitella fimbriata v. Ben. grosse Aehnlichkeit zu haben, aber leider giebt *Sars*, welcher seine Annelide in die Verwandtschaft der Arenicolen stellt, von dem inneren Baue gar nichts an. Vielleicht wird später, wenn der innere Bau erst genauer bekannt ist, Notomastus mit Capitella vereinigt werden müssen.

Auf der Capitella rubicunda findet man fast stets den weiter unten als Loxosoma singulare beschriebenen merkwürdigen Schmarotzer.

18. Terebella gelatinosa sp. n.
Taf XI. Fig. 19—22.

Beschreibung. Die lappige Verlängerung am Kopfe ist halbkreisförmig und über ihr entspringen die zahlreichen, über die halbe Körperlänge, zurückgeschlagen, hinausreichenden Fühler, die mit dem Alter an Zahl zunehmen. Die vordere Körperabtheilung hat 19 borstentragende Segmente, kann sich sehr aufblähen, hat aber im gewöhnlichen

---

1) Nachtrag. An Exemplaren der Capitella capitata, welche ich durch die grosse Güte meines Freundes Dr. *V. Hensen* in Kiel hier in Göttingen lebend untersuchen konnte, sehe ich, dass auch dieser Art ein kurzer, aber papillenloser Rüssel zukommt und dass die C. capitata auch ein anders geformtes Gehirn und andere Borsten, wie C. rubicunda, besitzt.

2) a. e. a. O. p. 140. Note.

3) Fauna littoralis Norvegiae. 2. Hefte. Bergen 1856. fol. p. 9—12. Tab. II. Fig. 8—17.

Zustande nicht viel grössere Dicke, als der Anfang der h i n t e r e n Abtheilung, die aus zahlreichen Segmenten besteht und 4—6 mal länger als
die vordere ist. Der ganze Körper ist farblos, oder besser schwach gelblich grau und sieht gelatinös aus.

Auf den ersten beiden Körpersegmenten, die keine Borsten tragen,
stehen auf dem Rücken jederseits die zwei baumartig verästelten Kiemen.
Auf diese zwei Kopfsegmente folgen in der ersten Abtheilung noch 19
borstentragende. Die Rückenstummel mit den Haarborsten (Fig. 22.) bilden kleine rundliche Hervorragungen, die Haken (Fig. 21.) tragenden
Bauchstummel kurze Querwülste. — In der langen hinteren Abtheilung
giebt es nur hakentragende Bauchstummel, welche wenig hervorragen
und wenig weit an den Körperseiten hinaufziehen und deren etwa 0,03
mm. hohe Haken entweder eine Reihe bilden, oder auch in zweien hinter
einander stehen.

In St. Vaast am Ebbestrande in Steinritzen, ziemlich häufig. Bis
60 mm. lang.

An der Bauchseite der vorderen Abtheilung der Terebellen befindet
sich auf jeder Seite des aus zwei dicht zusammenliegenden Hälften bestehenden Nervenstrangs eine kleinlappige lange Drüse (Fig. 20 c.), die
bis ganz vorn unter die Wand der Mundhöhle reicht. Die einzelnen Drü-
senläppchen werden von einer structurlosen Membran mit einem inneren
Beleg von 0,018 mm. grossen runden, kernhaltigen, feinkörnigen Zellen
gebildet. Einen gemeinsamen Ausführungsgang dieser Läppchen habe
ich nicht gefunden, sie scheinen nahe dem Nervenstrang der Bauchwand
angewachsen zu sein. Die Gefässe bilden ein feines Netz um jedes Drü-
senläppchen.

In der vorderen Körperabtheilung fehlen die Dissepimente, die in
der hinteren in jedem Segmente den Darm befestigen, und statt dessen
existiren nur feine Fasern, die quer durch diese Abtheilung gehen. Daher
kann sich die vordere Abtheilung als ein Ganzes aufschwellen und durch
Contraction dieser Fasern die Flüssigkeit wieder austreiben.

In der vorderen Körperabtheilung finden sich ausgezeichnet ausgebildete S e g m e n t a l o r g a n e (Fig. 19. 20. a, b.) und zwar vom III. bis
IX. Segment, also jederseits sechs. Es sind dies lange Schlingen eines
cylindrischen Canals, die mit den Enden an die Körperwand zwischen
Rücken– und Bauchstummel gewachsen sind und fast ganz frei in der
Körperhöhle hin und her flottiren. Der eine und zwar der am meisten
mediane Arm der Schlinge a hat dicke Wände, die aus etwa 0,018 mm.
grossen, mit gelbem Pigmente gefüllten Zellen bestehen, der andere, laterale b ist ziemlich farblos. In ihrem Innern herrscht die lebhafteste Wimperbewegung, und zwar führt sie von dem pigmentirten in den farblosen
Arm. Der pigmentirte Arm mündet in die Körperhöhle mit einer füll-
hornartigen, sehr stark wimpernden Ausbreitung a', der farblose wird
sich nach aussen öffnen, und zwar in kleinen Papillen b', die zwischen

den Rücken- und Bauchstummeln sitzen und in denen eine starke, nach
aussen gerichtete Wimperbewegung stattfindet; doch habe ich den un-
mittelbaren Zusammenhang dieser Papillen mit dem farblosen Arme der
Schlinge nicht beobachten können.

Williams[1]) beschreibt bereits diese merkwürdigen Segmentalorgane,
und nach ihm entstehen in dem pigmentirten Arme die Geschlechtsproducte, die aus dem farblosen durch eine nahe dem Ende sitzende besondere Mündung in die Körperhöhle gelangen.   Die füllhornartige Oeffnung
des pigmentirten Arms beschreibt er nicht.   Mir selbst stehen keine Beobachtungen über die Entstehung der Geschlechtsproducte zu Gebote,
ich habe sie stets nur in der Leibeshöhle getroffen, doch giebt auch *Danielssen*[2]) an, dass er die Eier bei einer Terebella (Eumenia) in zwanzig
an der Bauchwand befestigten cylindrischen, innen wimpernden Schläuchen sich bilden sah, von einer Canalschlinge ist jedoch dabei nirgends
die Rede. — Auch *Milne-Edwards*[3]) bildet von der T. conchilega diese
Schläuche ab und nennt sie einfach organs de la génération.

Bei der Terebella conchilega (Pall.) Gm., welche in St. Vaast ebenfalls ziemlich häufig ist, habe ich die Segmentalorgane ebenso gefunden,
wie es von der T. gelatinosa angegeben ist.   Bei einem 10 mm. langen,
noch mit zahlreichen Augen versehenen Jungen von T. conchilega fand
ich jederseits nur einen langen wimpernden Schlauch, der ganz vorn
neben dem Kopfe zu münden schien.

19. Filograna implexa (Lin.) Berkl.
Taf. XI. Fig. 23. 24.

Von dieser durch *Sars'*[4]) Beschreibung ziemlich genau bekannten
Annelide fischte ich bei St. Vaast ein mit den Kiemen 2 mm. langes frei
schwimmendes Junges, welches gleich hinter dem Brustschilde und ganz
am Hinterende mit breiten Wimperkränzen versehen war.

Die acht langen armförmigen Kiemen sind zweizeilig mit cylindrischen, hier mit Cilien bedeckten kurzen Fäden besetzt und die beiden
längsten dorsalen Kiemen sind an ihrem Ende zu einem häutigen Trichter
erweitert, dessen Mündung schräg abgeschnitten ist.

Das Gehirn trägt jederseits eine kleine Reihe von Augenpuncten
und unter dem Schlunde münden in einem Ausführungsgange, entweder
in ihn oder nach aussen, was ich nicht ausmachen konnte, zwei sich etwas neben dem Oesophagus hinziehende, stark wimpernde Drüsen-
schläuche, die in ähnlicher Weise bei allen Serpulaceen vorkommen.

1) a. a. O. Phil. Transact. 1838. I. p. 121. 122. Pl. VII. Fig. 12.
2) a. a. O. in Det kongl. Norske Vidensk. Selsk. Skrifter i det 10de Aarhundrede.
4. Bind 2. Hefte. Throndhjem 1859. 4. p. 110. Tab. II. Fig. 5.
3) a. a. O. Ann. des Sc. nat. [2.] Zoolog. X. 1838. p. 220. Pl. 11. Fig. 1 i.
4) Fauna litor. Norvegiae. Heft. I. Christiania 1846. fol. p. 86—90. Tab. X.
Fig. 12-19.

Der Darmcanal verläuft gerade gestreckt durch die vordere Körperabtheilung, hat am Anfange der hinteren eine kastenartige Erweiterung und macht alsdann einige Schlängelungen bis zum After.

An der vorderen und hinteren Körperabtheilung haben wir Rücken- und Bauchstummel, aber während in der vorderen die Rückenstummel die Haarborsten (Fig. 23.) führen und die Bauchstummel die kleinen zahnartigen Haken (Fig. 24.) in einer Winkelreihe gestellt enthalten, ist diese Anordnung in der hinteren die gerade umgekehrte, während die Form der Borsten ganz dieselbe bleibt. *R. Leuckart*[1]) hat einen solchen Borstenwechsel zuerst von Sabella und Pomatoceros beschrieben.

Ohne Kiemen war dies Junge 1,5 mm., mit denselben 2 mm. lang, und die vordere Körperabtheilung hatte etwas mehr als die Hälfte der Länge der hinteren.

Einige Bemerkungen über Sagitta.

Taf. XI. Fig. 25—28.

Eierstock. Bei etwa 9 mm. langen Exemplaren einer Sagitta, die in St. Vaast nicht selten gefischt wurde und die am meisten mit der so vortrefflich von *Rob. Wilms*[2]) beschriebenen und von *Joh. Müller*[3]) benannten S. setosa übereinstimmt, fand ich den Eierstock ganz so beschaffen, wie ihn *Wilms*[4]) bereits beschreibt. An der lateralen Seite ist die Wand des Eierstocks (Fig. 25.) nämlich verdickt und in ihr der Eileiter *a* ausgehöhlt, der vorn wahrscheinlich seine innere Mündung hat und hinten in den bekannten Papillen sich nach aussen öffnet.

Krohn[5]) hat diesen Canal ebenfalls bei allen geschlechtsreifen Individuen beobachtet, sieht ihn aber nicht als Eileiter, sondern als Samentasche an. Ich fand diesen Canal fast stets mit den langen fadenförmigen Zoospermien angefüllt, die schopfartig aus der Mündungspapille des Eierstocks hinausragten und so wie eine Sonde die Ausmündung des Seitencanals in dieser Papille andeuteten. An dem vorderen Ende konnte ich allerdings am Canal keine Einmündung in den Eierstock direct nachweisen und vermag demnach nicht zu entscheiden, ob derselbe Eileiter oder Samenbehälter ist, doch scheint mir das erstere wahrscheinlicher, besonders weil ich fast stets im Eierstock einige sehr grosse Eier *d, e* fand, welche sich in Entwickelung zu befinden schienen. Man müsste hiernach an eine innere Befruchtung der Eier denken, aber die beobachteten Zu-

---

1) a. a. O. Archiv f. Naturgesch. Jahrg. 15. Bd. 1. 1849. p. 188 und 193.

2) Observationes de Sagitta mare germanicum circa insulam Helgoland incolente. Diss. med. Berolin. 1846. 18 Seiten. 4. 1 Taf.

3) in seinem Archiv f. Anat. u. Physiolog. 1847. p. 158.

4) a. a. O. p. 13. Fig. 9.

5) Nachträgliche Bemerkungen über den Bau der Gattung Sagitta u. s. w., in Archiv f. Naturgesch. Jahrg. XIX. Bd. 1. 1853. p. 269. 270.

stände der Eier passen so wenig mit der von *Gegenbaur*[1]) gegebenen
Entwickelungsgeschichte derselben, dass ich keine bestimmtere Vermuthung wagen darf.

Borstenbündel. Wie es bereits *Wilms*[2]) und *Krohn*[3]) angeben,
finden sich auf der Oberfläche unverletzter Sagitten Bündelchen feiner,
starrer, oft recht langer Haare. Gewöhnlich sind diese Borsten ziemlich
regelmässig in einer Rückenreihe und einer Bauchreihe hinter einander
gestellt, und die Flossen setzen sich zwischen diese Reihen an den Körper, sodass man auf den ersten Blick an die Borstenbündel der Anneliden
erinnert wird. Allein die Borsten der Sagitta stehen, wie es *Krohn* schon
angiebt und wie ich es besonders bei der S. serrato-dentata Kr. aus
Messina beobachtete, auf der aus runden klaren, 0,037 mm. grossen
kernhaltigen Zellen bestehenden Epidermis (Fig. 28.), welche unter einem
Borstenbündel sich zu einem Höcker erhebt. Die Borsten sind nichts als
Auswüchse der Membran einer dieser Epidermiszellen.

Wenn man einen solchen Epidermishöcker bei stärkerer Vergrösserung untersucht, so sieht man, dass er von seiner Basis bis zur borstentragenden Zelle von einem Faserzug *c* durchlaufen wird, den man
rückwärts bis zum sogenannten Bauchsattel verfolgen kann, in den strahlenartig diese Faserzüge einmünden. *Krohn*[4]) hat bekanntlich diesen oft
so sehr grossen Bauchsattel für einen Nervenknoten ausgegeben, ich
kann, ebenso wie *W. Busch*[5]), nicht daran zweifeln, dass dieser vorzüg-
liche Forscher in diesem Puncte sich geirrt hat, denn dieser Sattel liegt
ausserhalb der Muskelhaut des Thiers und mit dem Gehirn, das man im
Kopfe erkennen kann, steht er in keinem Zusammenhang. Welche Bedeutung man aber diesem Bauchsattel zuschreiben soll, vermag ich nicht
anzugeben, und vergeblich sieht man sich in der von *Gegenbaur* beobachteten Entwickelung der Sagitta nach einem Fingerzeig um.

Augen. Die beiden Augen (Fig. 27.) sitzen bekanntlich in der Körperhaut auf eigenen rundlichen Ganglien, die durch einen Nervenfaden
mit dem vor ihnen liegenden Hirnganglion in Verbindung stehen. Die
Augen bestehen aus einem viereckigen Pigmentfleck, der innen wahrscheinlich eine Retina birgt und der aussen auf jeder Seite etwa vier
oder fünf kleine ovale, glänzende Krystallkegel trägt: nur an der lateralen Seite des Pigmentfleckes fehlen die Krystallkegel oder sind doch auf
zwei kleinere vorn und hinten reducirt. Den Contour, welchen *Wilms*[6])

---

1) Ueber die Entwicklung von Sagitta, in den Abhandl. der naturforsch. Gesellsch.
zu Halle. Bd. IV. Halle 1858. 4. p. 1—18. Taf. I.

2) a. a. O. p. 11. Fig. 1.

3) a. a. O. p. 266. 267.

4) Anatom. physiolog. Beobachtungen über die Sagitta bipunctata. Hamburg
(1844). 4. p. 13. Fig. 13. und Ueber einige niedere Thiere, im Archiv f. Anat. u.
Physiologie. 1853. p. 140.

5) Beobachtungen über einige wirbellose Seethiere. Berlin 1851. 4. p. 97. 98.

6) a. a. O. p. 15. Fig. 7 a.

an dieser lateralen Seite des Pigmentflecks bemerkte und als Cornea oder Linse deuten möchte, habe ich nicht beobachtet, und es scheint mir mit *Leydig* [1]) wahrscheinlich, dass der Bau des Auges von Sagitta sich am meisten an den der Arthropoden, etwa der Daphnien, anschliesst.

VIII.

Ueber Loxosoma [2]) singulare gen. et sp. n., den Schmarotzer einer Annelide.

Taf. XI. Fig. 29.

Auf der äusseren Haut der oben als Capitella rubicunda beschriebenen Annelide von St. Vaast befanden sich fast bei jedem Individuum einige dieser merkwürdigen, etwa 0,4 mm. langen Schmarotzer, deren genauerer Bau nach einigen Zweifeln dahin führte, sie zu den Bryozoen, und zwar in die Nähe der von *van Beneden* [3]) so genau beschriebenen Pedicellina Sars zu stellen.

Der Schmarotzer besteht aus einem runden kurzen Stiele *g*, mit dessen fussartiger Ausbreitung er sich auf der äusseren Haut der Annelide befestigt, und aus einem darauf sitzenden eiförmigen Körper, dessen oberes Ende schräg abgeschnitten und mit zehn Tentakeln besetzt ist. Zwischen den Tentakeln ist die Körperöffnung durch ein schmales Diaphragma *f* eingeengt, so dass man auf den ersten Blick eine gestielte Qualle mit schräger Glockenmündung vor sich zu sehen glaubt. Aus diesem Diaphragma ragt schornsteinartig eine kurze Röhre *d* hervor, die man zunächst für den Magen der Qualle halten möchte. In der Seitenansicht klärt sich der Bau des Thiers jedoch auf. Der Schornstein öffnet sich nämlich unten in einem dickwandigen Magen *b*, der oft gelb pigmentirt ist und der an jeder Seite eine rundliche Aussackung *c* macht. Im Grunde der Körperhöhle entspringt aus diesem Magen nach vorn hin (d. h. nach der Seite, wo sich der schräge Mundsaum hinsenkt) ein Canal *a*, der rasch umbiegt, an der Körperwand hinaufläuft und oben sich in den Mundsaum, der das Diaphragma und die Tentakeln trägt, erweitert.

Im sogenannten Schornsteine war starke, nach oben gerichtete Wimperbewegung, und Körner wurden aus der oberen Oeffnung *e* bisweilen

---

[1]) Lehrbuch der Histologie des Menschen und der Thiere. Frankfurt a. M. 1857. 8. p. 261.

[2]) λοξός schief, σῶμα Körper.

[3]) Recherches sur les Bryozoaires. Histoire naturelle du genre Pedicellina, in Nouv. Mém. de l'Acad. roy. des Sc. de Belgique. T. XIX. Bruxelles 1845. 31 Seiten. 2 Taf.

9 *

ausgeworfen: es scheint mir desshalb dieser Schornstein der Darm und
seine aus dem Diaphragma herausragende Mündung der After zu sein.

Auch der Canal an der vorderen Körperwand ist mit Cilien besetzt,
ebenso wie der Rand des Diaphragmas, aber ich konnte keine Fortbewe-
gung von Körnern darin wahrnehmen. Diesen vorderen Canal, der sich
oben in den tentakeltragenden Mundsaum ausbreitet, möchte ich aber
für den Oesophagus halten, und so hätten wir in diesem Thiere den typischen Bau einer Bryozoe, wo nur das auffallend erscheint, dass der
Mundsaum den After umgreift, so dass der After an den Hinterrand des
Mundes zu liegen kommt.

Ueber dem Magen, nahe an seinen beiden seitlichen Ausstülpungen,
sieht man häufig sich Eier bilden, die eine ganz beträchtliche Grösse erreichen und dann die Körperwand etwas vortreiben. Der genauere Ort
ihrer Bildung ist mir unklar geblieben, später lagen sie in der Körperhöhle. Zoospermien habe ich nicht beobachtet. — Bei einem 0,4 mm.
grossen Exemplare sah ich an der äusseren Haut einen 0,04 mm. grossen
ovalen Körper wie eine Knospe aufsitzen und am selben Exemplare war
ein 0,2 mm. grosses auf der äusseren Haut mit seinem Stielfuss befestigt.

Aussen ist der Körper von einer Cuticula überzogen und in seiner
Wand erkennt man zellige und faserige Elemente.

Die Tentakeln sind zweizeilig mit langen Wimpern besetzt und können sich nach der Mundhöhle hin einwärts krümmen und bei stärkerer
Reizung ganz darüber zusammenlegen. An jeder der beiden längeren
Seiten des Mundsaums stehen fünf Tentakeln, die beiden vordersten sind
etwas weiter von einander entfernt als die anderen und bisweilen befinden sich zwischen ihnen zwei kleine Tuberkel.

Aus der gegebenen Beschreibung ist die Aehnlichkeit dieses Thieres
mit Pedicellina nach den Angaben *van Beneden's* klar. Die Pedicellina ist
allerdings einige Millimeter hoch und lang gestielt, und ihr After durchbohrt nicht die Wand der Mundhöhle, sondern liegt gleich ausserhalb
neben ihr, aber sonst herrscht solche Uebereinstimmung im Bau, dass
man diese Lage des Afters für den einzigen wesentlichen Unterschied ansehen muss; hierzu kommt, dass bei Pedicellina die Körperwand aussen
um die Tentakeln trichterförmig zu einer Art häutigen gemeinsamen
Scheide erweitert ist[1]).

1) **Nachtrag.** Erst nach dem Druck dieses Bogens werde ich auf die Bemerkung
von *G. J. Allman* (A Monograph of the Fresh-water Polyzoa, including all the known
species, both british and foreign. London. Ray Society. 1856. Fol. p. 19. 20. Note)
über Pedicellina aufmerksam, nach denen auch bei dieser Bryozoe die Stellung des
Afters eine ähnliche ist, wie bei Loxosoma, und die Tentakeln ebenfalls eine bilaterale
Anordnung haben.

IX.

Ueber den Bau der Augen von Pecten.

Taf. VII. Fig. 10—14.

Poli[1]) beschreibt zuerst die smaragdglänzenden zahlreichen Körper des Mantelsaums von Spondylus und Pecten und erkannte ihre Aehnlichkeit mit den Augen höherer Geschöpfe; die Thiere dieser Muscheln nannte er desshalb Argus, aber den feineren Bau ihrer Augen vermochte *Poli* nicht zu ergründen. Viele Schriftsteller nach diesem grossen neapolitanischen Zootomen erwähnen die Augen in diesem so merkwürdigen Vorkommen, aber erst *Rob. Garner*[2]) beschäftigt sich näher mit ihrem Bau und giebt davon in wenigen Worten eine im Allgemeinen richtige Darstellung. Gleichzeitig nehmen sich dann *Grube*[3]) und *Krohn*[4]) dieser interessanten Organe an und ich werde im Folgenden vielfach Gelegenheit haben, die genaue Beschreibung namentlich des Letzteren anzuerkennen. *Will*[5]) fand solche augenähnliche Organe bei vielen Muscheln, in der Auffassung aber des feineren Baues bleibt er, wie mir scheint, weit hinter *Krohn* zurück.

Die Hauptfrage nämlich, die hier entgegentritt, ist die Auffassung des Körpers im Auge, den man auf den ersten Blick einen Glaskörper nennen würde. Schon *Garner* nennt ihn jedoch »a striated body« und *Krohn*, der sich principiell der Deutung der von ihm gefundenen einzelnen Theile enthält, vermuthet doch, dass dieser Körper »vielleicht das Lichteindrücke aufnehmende Nervengebilde selbst sei«. *Will* dagegen beschreibt eine eigene Retina aussen um den Glaskörper, über deren Structur er nicht ins Klare kommen konnte und welche ich nicht wieder aufzufinden vermochte, und giebt an, dass der Glaskörper aus runden pelluciden

---

1) *Jos. Xav. Poli* Testacea utriusque Siciliae eorumque historia et anatome tabulis aeneis illustrata. Tom. I. Parma 1795. fol. p. 107. Tab. 22. Fig. 1 und 5 von Spondylus und p. 153. Tab. 27. Fig. 5, 14 und 15 von Pecten.

2) On the nervous System of Molluscous Animals, in Transact. Linnean Soc. of London. Vol. XVII. London 1837. 4. p. 488. »In Pecten, Spondylus and Ostrea we find small brilliant emeraldlike ocelli, which from their structure having each a minute nerve, a pupil, a pigmentum, a striated body and a lens and from their situation at the edge of the mantle where alone such organs could be usefull and also placed as in Gasteropoda with the tentacles must be organs of vision.« (read 1834) und Abbildungen in dessen Aufsatz On the anatomy of the Lamellibranchiate conchiferous Animals, in Transact. Zoolog. Soc. of London. Vol. II. London 1841. 4. Pl. 19. Fig. 1 und 3. (communicated 1835.)

3) Ueber Augen bei Muscheln, in Archiv für Anatomie und Physiologie. 1840. p. 24—35. Taf. III. Fig. 1. 2.

4) Ueber augenähnliche Organe bei Pecten und Spondylus, in Archiv für Anatomie und Physiologie. 1840. p. 381—386. Taf. XIX. Fig. 16.

5) Ueber die Augen der Bivalven und Ascidien, in *Froriep* Neue Notizen aus dem Gebiete der Natur- und Heilkunde. Bd. 29. Weimar 1844. 4. p. 81—87 u. p. 99—103.

Zellen bestände, während *Garner* und *Krohn* ihn faserig nennen. *Sie-bold*[1]) folgt in seiner Darstellung, wie es scheint, ganz *Will*, und auch *St. delle Chiaje*[2]) zeichnet eine Retina, welche, wie im Auge der Wirbel-thiere, einen Glaskörper umgiebt, *Leydig*[3]) dagegen, dem man so viele Aufschlüsse über die richtige Deutung der Theile im Auge der Wirbello-sen verdankt, spricht sich im Sinne *Krohn's* aus, wenn er den sogenann-ten Glaskörper als analog den Krystallkörpern der zusammengesetzten Augen ansieht.

Schon vor zwei Jahren hatte ich in Neapel und Messina wiederholt die Augen von Pecten varius untersucht, ohne jedoch über den Bau ir-gend weiter zu kommen, als meine Vorgänger, auch in St. Vaast kam ich an dieser Art zu keinen besseren Resultaten, bis ich dort Gelegenheit hatte, die bis zu 1 mm. grossen Augen eines schönen Exemplars von Pecten maximus zu untersuchen, welche desshalb so sehr viel geeigneter zur Beobachtung sind, da das Pigment nur etwa ein Drittel des Augapfels bedeckt und man so einen Einblick in den Bau des Auges thun kann, ohne es zu drücken oder sonst zu verletzen.

Betrachtet man ein solches Auge ohne allen Druck unter dem Mi-kroskope (Taf. VII. Fig. 11.), so bemerkt man vorerst seine abgeplattete Form, ähnlich den Augen von Fischen oder von Wallfischen, so dass es z. B. bei 0,55 mm. Länge 0,78 mm. Breite hat, und sieht vorn in ihm eine stark lichtbrechende Linse von 0,23 mm. Länge und 0,40 mm. Breite, die hinten viel stärker gekrümmt ist als vorn. Umgeben ist der ganze Augapfel von einer sehr festen, hyalinen, etwas concentrisch ge-streiften Haut, S c l e r o t i c a *s*, deren Festigkeit man beim Durchschnei-den deutlich fühlt und deren vor der Linse, die ihr unmittelbar anliegt, liegende Abtheilung man als C o r n e a ansehen muss. Den Raum hinter der Linse füllt eine faserige zähe Nervenmasse, R e t i n a *r*, aus, welche vorn eine Einsenkung besitzt und darin den hinteren Theil der Linse aufnimmt, während zur Seite derselben ein ringförmiger Raum *x* bleibt, der mir nichts zu enthalten schien, als etwa eine klare Flüssigkeit.

Schon bei gelindem Drucke durch das Auflegen eines Deckglases (Taf. VII. Fig. 12.) wird die Form der L i n s e *l* ganz verändert, sie füllt nun den ganzen Raum vor der Nervenmasse aus und während sie im normalen Zustande ganz hyalin war, ist sie nun in feine Körner und fett-glänzende Kugeln zerfallen, man bemerkt aber deutlich, dass diese zer-fallene Linsenmasse in einer dünnhäutigen Kapsel eingeschlossen ist.

In diesem gedrückten Zustande erkennt man aber leicht, dass die

---

1) Lehrbuch der vergleichenden Anatomie der wirbellosen Thiere. Berlin 1848. 8. p. 261. 262.

2) Miscellanea anatomico-pathologica. Tomo II. Napoli 1847. fol. p. 86. (Spie-gaz. delle fig.) und Tav. 70. Fig. 16, 17 und 18.

3) Lehrbuch der Histologie des Menschen und der Thiere. Frankfurt a. M. 1857. 8. p. 261.

R e t i n a r aus neben einander liegenden F a s e r n besteht, die vorn an
der Linse angeschwollen und abgerundet, kolbig, enden und die, während sie im Allgemeinen parallel der Augenaxe liegen, doch vorn nach
der Mitte der Linse convergiren, sodass sie also im ungedrückten Auge
auf die vordere Einsenkung der Retina zulaufen werden. Zwischen diesen kolbigen Fasern liegen besonders in der Mitte ihres Verlaufs kleine
runde, glänzende oder auch granulirte K ö r n e r oder Zellen, von denen
ich nicht weiss, ob sie lose zwischen den Fasern sich befinden oder vielleicht in den Verlauf derselben eingeschlossen sind. Taf. VII. Fig. 13.
bilde ich einige dieser kolbigen Fasern ab, aber ich kann nicht versichern,
ob sie noch in ihrem natürlichen Zustande sind, da sie sich offenbar im
Wasser sofort verändern und namentlich die Eigenschaft haben, leicht
und stark varikös, wie viele Nervenfasern der höheren Thiere, zu
werden.

In der Axe des kurzen muskulösen Stiels, welcher das Auge trägt,
verläuft ein etwa 0,074 mm. breiter N e r v , dessen Ursprung vom hinteren Mantelganglion zuerst *Grube* (a. a. O. p. 29) nachgewiesen hat und
der sich, wie es *Krohn* (a. a. O. p. 383) entdeckte, kurz vor dem er das
Auge erreicht, in zwei Aeste n' und n'' spaltet, von denen der centrale
n' sich mit einer Ausbreitung an den Augapfel setzt, dem an dieser Stelle
die Pigmentschichten fehlen. Ein Durchbohren der Sclerotica an dieser
Stelle und einen Uebergang der Fasern des Nerven in die kolbigen Fasern der Retina im Auge habe ich, so wahrscheinlich ein solches Verhalten auch ist, nicht beobachten können. — Der seitliche Nervenast n''
verläuft, wie es *Krohn* schon ganz richtig angiebt, auf der Aussenfläche
des Augapfels und verliert sich auf ihm erst vorn in gleicher Höhe mit
dem Hinterrande der Linse.

Man kann nach dem Vorhergehenden wohl nicht zweifeln, dass jene
kolbigen Fasern im Auge die lichtempfindenden Apparate, entsprechend
den Stäbchen im Wirbelthierauge, sind, und dass dem Auge des Pecten
ein Glaskörper ganz fehlt. *Krohn* a. a. O. p. 385 spricht sich über diese
faserige Substanz im Auge folgendermaassen aus: »Die Lage, Transpa-
renz und den Umfang dieser in Betracht ziehend, würde man kaum zö-
gern, sie für den Glaskörper anzusprechen, wenn nicht dieser Annahme
ihr faseriges Gefüge entgegenstände. Ist sie vielleicht das die Lichteindrücke aufnehmende Nervengebilde selbst, das in einem noch zu ent-
deckenden Zusammenhange mit den beiden Nervenzweigen steht?«
Ich kann mich also nur dieser *Krohn*'schen Vermuthung anschliessen,
welche *Leydig* a. a. O. p. 261 noch weiter präcisirt, wenn er sagt: »ich
möchte vermuthen, dass dieser Glaskörper der Acephalen sich wie bei
Spinnen u. a. verhält, wo er der Krystallkegelsubstanz im zusammengesetzten Auge gleichwerthig ist.«

Wie bei allen wirbellosen Thieren sind auch im Pecten-Auge die
freien Enden der kolbigen Fasern von der Pigmentschicht abgewandt und

sie bilden den vorderen oder centralen Theil der Retina. Die Pigmentschicht liegt unmittelbar unter der Sclerotica und besteht aus zwei
Lagen, von denen die äussere aus unregelmässigen kernhaltigen, mit
braunen Körnern gefüllten Zellen zusammengesetzt ist und bei Pecten
maximus das hintere Drittel oder Viertel etwa des Auges umkleidet,
während die innere das Tapetum bildet und kaum einzelne Zellen enthält, sondern nur eine feinkörnige, im durchfallenden Lichte gelblich
graue Masse zu sein scheint, die im reflectirten Lichte dann die prächtigen grünen, metallisch glänzenden Farben hervorbringt. *Will* a. a. O.
p. 82 und *Siebold* a. a. O. p. 262 beschreiben ausser dieser inneren Pigmentlage noch ein aus stabförmigen Körperchen bestehendes Tapetum,
das den Glanz hervorbringe, ich habe aber diese Lage ebensowenig bemerken können, als die von diesen Forschern angeführte, um ihren sogenannten Glaskörper liegende Retina.

Bei Pecten varius ist die Sclerotica vorn von der Linse stark, fast
halbkugelig vorgetrieben, sodass das Auge aus Abschnitten zweier sehr
ungleich grosser Kugeln besteht und da hier das Pigment über die ganze
hintere Abtheilung bis zur vorderen reicht, so ist es erklärlich, wie *Will*
und *Siebold* die vordere Abtheilung dieses Pigments als eine Iris beschreiben können, obwohl in Wirklichkeit diese Pigmentlage gar nicht mit
einer solchen Haut zu vergleichen ist.

Wir sehen hiernach im Auge des Pecten ganz den Bau der zusammengesetzten Augen, wie es *Leydig* schon sehr richtig vermuthete, nämlich einen hinten eintretenden Nerven, auf den wahrscheinlich als unmittelbare Fortsetzung oder vielleicht durch eine Zwischenlage von Zellen
oder Körnern unterbrochen stäbchenähnliche Gebilde aufsitzen, die vorn
direct an die Linse anstossen, welche für alle Stäbchen gemeinsam ist,
wie es *Leydig*[1]) z. B. von Salticus abbildet, und welche vorn von der
Cornea überzogen wird, sodass man weder eine vordere Augenkammer,
noch einen Glaskörper unterscheiden kann. Das Pigment umkleidet hier
nicht jedes einzelne Stäbchen, sondern alle gemeinschaftlich, und die
Ausbreitung des Nerven zu der Retina erfolgt erst innerhalb dieser Pigmentschicht.

1) a. a. O. p. 256. Fig. 135.

Erklärung der Tafeln.

Tafel I.

Lucernaria.

Fig. 1. Lucernaria octoradiata Lam. Man sieht in die ausgebreitete Glocke, unter der an einer Seite der Stiel *st* hervorsieht. *t* Tentakeln auf den acht Armen. *p* Randpapillen, von denen die eine *p'* an der Spitze einen Haufen Nesselkapseln trägt. *n* Haufen von Nesselkapseln besonders im Schwimmsack. *o* Viereckige und an der Mündung vierlappige Mundröhre. *r* Die vier Verwachsungsstreifen zwischen Gallertscheibe und Schwimmsack, wodurch zwischen ihnen in die vier weiten Radiärcanäle getheilt wird, welche am Rande bei *r'* mit einander communiciren. *g* Geschlechtsorgane in der Wand des Schwimmsackes. *m* Längsmuskeln im Stiel, *m'* radiäre Muskeln im Schwimmsack, *m''* circuläre Muskeln im Schwimmsack.

Fig. 2. Durchschnitt durch die Glocke von Lucernaria octoradiata, parallel ihrem Rande. *G* Gallertscheibe, *a* äussere, *i* innere Bildungshaut, *z* Zwischensubstanz, mit zahlreichen feinen Querfasern. *S* Schwimmsack, *g* Geschlechtsorgane in der Wand desselben. *r* Verwachsungsstreifen zwischen Gallertscheibe und Schwimmsack, *R* Radiärcanäle.

Fig. 3. Radialer Durchschnitt durch die Glocke von Lucernaria octoradiata, durch die Mitte eines Radiärcanals *R*, so dass er gerade auf eine Randpapille *p* trifft. *n* Haufen von Nesselkapseln am Schwimmsack. *m''* Circuläre Muskelfasern am Glockenrande. *G* Gallertscheibe, *S* Schwimmsack.

Fig. 4. Lucernaria campanulata Lamx. Von der Glocke durch einen radialen Querschnitt über die Hälfte entfernt, so dass man ins Innere der Mundröhre *o*, des Magens *v* und der Radiärcanäle *R* blickt. *G* Gallertscheibe, *S* Schwimmsack, *st* Stiel nicht durchschnitten, *a* äussere, *i* innere Bildungshaut, *z* Zwischensubstanz. *n* Nesselkapsel-Haufen, *r* Verwachsungsstreifen zwischen Gallertscheibe und Schwimmsack, *r'* Communication zwischen den Radiärcanälen. *m'* Radiäre Muskelfasern des Schwimmsacks, *m''* circuläre Muskelfasern desselben. *s* Stelle wo der Zipfel des Schwimmsacks an die Gallertscheibe gewachsen ist. *e* Eingänge zwischen diesen Zipfeln in die Radiärcanäle. *f* innere Mundtentakel. *g* Geschlechtsorgane, die in der rechten Seite der Figur weggelassen sind, um die radiären Muskelfasern deutlich zu zeigen. *t* Tentakeln, *b* buckelartige Hervorragung an der Basis der fünf am meisten proximal am Arme sitzenden Tentakeln.

Fig. 5. Einer der letztgenannten Tentakeln von der Seite, *b* die buckelartige Hervorragung an der Basis, die denselben Bau wie der Knopf am Ende zeigt.

Fig. 6. Tentakel von Lucernaria octoradiata.

Fig. 7. - - - campanulata.

Fig. 8. Nesselkapseln aus dem Knopfe der Tentakeln von Lucernaria campanulata.

Fig. 9. Innere Haut am Schwimmsack von Lucernaria octoradiata. Vergröss. 260.

Fig. 10. Querdurchschnitt durch den muskellosen Stiel von Lucernaria campanulata.
a Aeussere, i innere Zellenhaut, z querstreifige Zwischensubstanz, l die vier Längswülste im Innern.

Fig. 11. Längsdurchschnitt, ebendaher, nach der Richtung $\alpha\beta$ der vorhergehenden Figur. k Blindsäckchen in der Fussscheibe. Bezeichnungen sonst wie in der vorhergehenden Figur.

Fig. 12. Längsdurchschnitt durch den Fuss, ebendaher, um das Blindsäckchen genauer zu zeigen. Bezeichnungen wie in den beiden vorhergehenden Figuren.

Fig. 13. Querschnitt durch den mit vier Längsmuskeln m versehenen Stiel von Lucernaria octoradiata, a äussere, i innere Bildungshaut, z Zwischensubstanz. h Die vier Längscanäle an der Stelle des centralen Hohlraums.

Fig. 14. Drüsenartige Einstülpung der Wand des Schwimmsacks S von Lucernaria campanulata, in Fig. 4. mit n bezeichnet, deren Wand Nesselkapseln bildet, die dann in den inneren Hohlraum fallen und bei x an die Oberfläche treten können.

Fig. 15. Nesselkapseln ebendaher. a mit ausgestreckten Nesselfaden und noch in der Bildungszelle eingeschlossen. Vergröss. 260.

Fig. 16. Innere Mundtentakel von Lucernaria campanulata. Die eine Seite der Wand ist drüsig verdickt und enthält keine Nesselkapseln.

Fig. 17. Querschnitt desselben, ebendaher, um die Ausdehnung der drüsig verdickten Wand zu zeigen.

Fig. 18. Zoospermien von Lucernaria octoradiata.

Tafel II.

Fig. 1—14. Quallen. Fig. 15—22. Xanthiopus.

Fig. 1. Sarsia clavata sp. n. Am Magenstiel hängt eine grosse Knospe und zwei ganz kleine.

Fig. 2. Knospen am Magenstiel ebendaher. a äussere, i innere Bildungshaut.

Fig. 3. Siphonorhynchus insignis gen. et sp. n.

Fig. 4. Die kleinen tentakelartigen Zotten am Rande der Glocke, ebendaher. r Randbläschen.

Fig. 5. Oberer Theil des Magenstiels, ebendaher. c Radiärcanäle, z Gallertsubstanz, t Hodenmasse.

Fig. 6. Querschnitt ganz oben durch diesen Magenstiel. Bezeichnungen wie in der vorhergehenden Figur.

Fig. 7. Querschnitt etwa durch die Mitte des Magenstiels. Bezeichnungen wie in Fig. 5.

Fig. 8. Längsschnitt durch die Uebergangsstelle vom Magen zum Magenstiel, ebendaher. n Nesselkapseln. Bezeichnungen sonst wie in Fig. 5.

Fig 9. Eucope gemmigera sp. n. k Knospe.

Fig. 10. Ringgefäss mit Randkörper, ebendaher.

Fig. 11. Oceania polycirrha sp. n.

Fig. 12. Basis der Tentakeln, ebendaher, mit dem Ocellus.

Fig. 13. Die Basis eines solchen Tentakels mit dem Ocellus, von der Seite.

Fig. 14. Querschnitt durch den Magen und die Geschlechtshöhlen von Rhizostoma Cuvierii. g Gallertmasse, a äussere, i innere Bildungshaut, h faltige aus a und i bestehende Häute zwischen den Gallertarmen, in denen die Geschlechtsproducte entstehen.

Fig. 15. Xanthiopus vittatus gen. et sp. n. Man sieht im mittleren Theile die strangförmigen Geschlechtsorgane durchschimmern und hinten die durchscheinende Schwanzblase ganz hervorgestreckt. Vergröss. 3.

Fig. 16. Mund dieser Art, von oben.

Fig. 17. Dieselbe Art ganz zusammengezogen und am unteren Theile mit den füsschenartigen Hautverlängerungen festgeheftet.

Fig. 18. Eine solche Hautverlängerung von der Seite.

Fig. 19. Durchschnitt durch die Haut, ebendaher. *m* Muskeln, *f* Maschengewebe, das diese Verlängerungen bilden kann.

Fig. 20. Nesselkapsel aus der Haut, ebendaher. Vorgröss. 300.

Fig. 21. Zoospermie, ebendaher.

Fig. 22. Xanthiopus bilateralis gen. et sp. n. Der Tentakelkranz.

Tafel III.

Phascolosoma.

Fig. 1. Phascolosoma Puntarenae Gr. et Oerst., aus Westindien. *a* After. Nat. Grösse.

Fig. 2. – Antillarum Gr. et Oerst., aus Westindien. *a* After. Nat. Grösse.

Fig. 3. – vulgare (Blainv.) Dies., von St. Vaast la Hougue, mit ausgestrecktem Rüssel und Tentakeln. *a* After. Nat. Grösse.

Fig. 4. Phascolosoma laeve (Cuv.) Kef., aus Sicilien. *a* After. Nat Grösse.

Fig. 5. – elongatum Kef., von St. Vaast la Hougue. *a* After. Nat. Grösse.

Fig. 6. Anatomie von Phascolosoma Puntarenae. *T* die in zwei Gruppen stehenden Tentakeln, *g* das zweilappige Gehirn mit zwei Augenflecken, *n* Nervenstrang, der bis zum Hinterende läuft und viele Seitenäste abgiebt, die im vorderen Theil eine gewisse Länge haben, ehe sie die Körperwand erreichen, *r* die Bauchretractoren, deren mittlere Theile abgeschnitten sind, *r'* die kürzeren und dünneren Rückenretractoren, *u* Mesenterium, das im vorderen Theile die Speiseröhre mit den Retractoren verbindet, *oe* Oesophagus, *i* der zu einer Schlinge zusammengelegte und spiralförmig gewundene Darm, *I* dessen schlingenförmiges Ende im Hintertheile, *a* der After, *x* Muskeln, welche den Darm dicht am After an die Körperwand befestigen, *y* Muskel, welcher sich gabelig theilt und sich an Darm und Oesophagus setzt, *z* spindelartiger Muskel, welcher über dem After entspringt *z'*, im Hinterende sich anheftet *z''* und um den die Darmspirale gewunden und durch viele quirlständige Seitenäste an ihm befestigt ist, *B* die Bauchdrüsen, *v* das Mesenterium, das ihren vorderen Theil befestigt.

Fig. 7. Phascolosoma minutum Kef. Nat. Grösse.

Fig. 8. – – im durchscheinenden Lichte, wie es unter dem Drucke des Deckglases erscheint, bei etwa 150 facher Vergrösserung. Die Bezeichnungen sind wie in Fig. 6. *ov* sind frei in der Leibesflüssigkeit schwebende, oft zu kleinen Gruppen zusammenhaftende Eier. Das Blut, das viele Eingeweide verdeckt oder undeutlich macht, ist nicht mit gezeichnet.

Fig. 9. Vorderende von Phasc. minutum, von der Seite, *L* blattförmiger, an der Spitze unbewimperter Tentakel, *l* wimpernde Lappen, die fünf an der Zahl in einem Kranz um den Mund stehen, *g* Gehirn, *sch* Schlundring, *n* Nervenstrang, *ph* Schlund, *oe* Oesophagus.

Fig. 10. Vorderende von Phasc. minutum von der Rückenseite. Bezeichnungen wie in Fig. 9. Man sieht vom Gehirn *g* eine Nervenmasse ausgehen, sich gabelig theilen und in den beiden Tentakeln verlieren.

Fig. 11. Vorderende von Phasc. Antillarum, von der Seite. *T* Tentakeln, *b* Bauchlappen, *p* Papillen am Rüssel.

Fig. 12. Vorderende von Phasc. Puntarenae, von der Seite. *T* Tentakeln, *b* Bauchlappen, *h* Haken am Rüssel.

Fig. 13. Haken von Phasc. granulatum, 300 mal vergrössert, *h* zwei Haken, *h'* der Anfang der nächst höheren Hakenreihe, *d* Oeffnung einer Hautdrüse.

Fig. 14. Haken von Phasc. elongatum, 300 mal vergrössert.

Fig. 15. Haken von Phasc. Puntarenae, 300 mal vergrössert. Bezeichnung wie in Fig. 13.

Tafel IV.

Phascolosoma.

Fig. 1 Stück vom Darm von Phasc. minutum, 260 mal vergrössert. *A* stark wimpernde Ausstülpungen des Darms, *A'* eine solche von oben gesehen, *I*, *I'*, *I''* Infusorien aus dem Darm, gestreift und überall mit feinen Cilien besetzt. An der Aussenseite hat der Darm keine Wimpern.

Fig. 2. Stück vom Darm von Phasc. elongatum, 260 mal vergrössert. *A* Aussackung am Darm. *I* Infusorium aus dem Darminhalt. Der Darm ist innen und aussen mit Cilien besetzt. *z* Spindelartiger Muskel, *z'* ein quirlständiger Ast desselben der sich am Darm befestigt.

Fig. 3. Stück vom Nervenstrang von Phasc. elongatum, 260 mal vergrössert. Man sieht die kernhaltige dünne Scheide, den körnigen und faserigen Inhalt und die abgehenden Seitenäste.

Fig. 4. Vorderende eines etwa 15 mm. langen Exemplars von Phasc. elongatum, mit eingezogenem Rüssel, unter dem Drucke des Deckglases fast von der Seite. *h* Die im eingestülpten Rüssel sichtbaren Hakenkränze, *T* die Tentakeln, *g* das Gehirn, hier mit vier Augenflecken, *sch* der Schlundring mit abgehenden Nerven, *n* Nervenstrang, *ph* Schlund, *oe* Oesophagus, *r* Retractoren, *s* contractiler Schlauch des Tentakel-Gefässsystems, über dem Schlundring liegt das Ringgefäss *s'*, das mit dem Hohlraum jedes Tentakels in Verbindung steht.

Fig. 5. Vorderende eines etwa 15 mm. langen Exemplars von Phasc. elongatum, aus dem Thier herausgeschnitten von der Rückenseite. *w* Körperwand, *k* Rückenlappen in den eine Ausstrahlung des Gehirns eintritt, die andern Bezeichnungen sind wie in Fig. 4.

Fig. 6. Stück der Wand des contractilen Schlauches des Tentakelgefässsystems von Phasc. elongatum, in contrahirtem Zustande. *w* Die kernhaltige Wand, innen und aussen mit Cilien besetzt, *s* Blutkörper als Inhalt des Schlauches. 260 mal vergrössert.

Fig. 7. Stück vom contractilen Schlauch des Tentakelgefässsystems von Phasc. Antillarum, mit den vielen mit Blutkörpern gefüllten blinden Aussackungen.

Fig. 8. Ende einer solchen Aussackung, im Grunde mit den kernhaltigen Blutkörpern gefüllt; bei *a* sieht man die kernhaltige Wand einer solchen Aussackung.

Fig. 9. Blutkörper von Phasc. elongatum, 260 mal vergrössert, *a* von oben und von der Seite, *b* nach Zusatz von Wasser oder Essigsäure, wo der Kern hervortritt, *c* maulbeerförmige Klümpchen aus dem Blute.

Fig. 10. Blutkörper von Phasc. Puntarenae (Spiritusexemplar). *a* Deutliche Zellen, *b* feinkernige Kerne, die auch in grosser Menge vorkommen.

Fig. 11. Durchschnitt durch die Haut am hinteren Theile des Rüssels von Phasc. Puntarenae, wodurch eine Hautpapille *p* geöffnet und die darin enthaltene Hautdrüse *d* freigelegt ist. *m* Ringmuskeln, *m'* Längsmuskeln, *e* Verbindung zwischen der Hautdrüse und der Muskulatur. 100 mal vergrössert.

Fig. 12. Ausmündung einer Hautdrüse von Phasc. Puntarenae, *b* von der Seite, *d* die Haut der Drüse, *e* Verdickung in der Wand des Ausführungsganges, *a* von oben.

Fig. 13. Ansicht einer Hautpapille von innen; die Papille selbst ist durch einen Flächenschnitt entfernt und man sieht die gestrichelte Haut, welche die Papille nach innen abschliesst, und das Loch in ihrer Mitte, durch welches die Verbindungsfasern zwischen der Drüse und der Muskulatur hindurch treten.

Tafel V.
Nemertinen.

Fig. 1. Borlasia mandilla (Quat.) Kef. Vorderende von der Bauchseite. Man sieht die Augen von der Rückenseite durchschimmern. *k* Kopfspalten, *s* Seitenorgane, *s'* Verbindungsstrang zwischen Gehirn und Seitenorgan.

Fig. 2. Körper aus der Leibeshöhle, ebendaher. Vergröss. 260.

Fig. 3. Rüssel, hervorgestülpt, ebendaher. *D* Drüsentheil, *P* Papillen tragender Theil.

Fig. 4. Rüssel, eingezogen, in Ruhe, ebendaher. *D* Drüsentheil, *P* Papillen tragender Theil, *a* vorderer Theil des stacheltragenden Apparats, *b* hinterer Theil desselben, *c* Stilet, *d* Nebenstacheln, *e* Basis des Stilets, *f* Einstülpung der Haut neben dem Stilet, *g* Pigmenthaufen unter den Nebenstacheln, *h* bulbusartige Anschwellung des Ausführungsganges *n* des Drüsentheils *D*, *k* Ausführungsgang zur Basis des Stilets, *i* Längsmuskulatur des Ausführungsganges, *l* Längsmuskulatur des Rüssels, *r* Ringmuskulatur desselben.

Fig. 5. Papille vom Rüssel, ebendaher. Vergröss. 260.

Fig. 6. Darmausstülpungen *v*, Körperwand mit äusserer Haut *a* und Längsmuskeln *l*, Nerv *n* und Ovarium *ov*, ebendaher. Vergröss. 260.

Fig. 7. Seitennerv, ebendaher. *a* körnige Hülle, *b* längsstreifiger Inhalt. Vergröss. 260.

Fig. 8. Oerstedia pallida Kef., Vorderende von der Rückenseite; *s* Seitenorgan, *o* Mund, der unter dem Gehirne liegt. Vergröss. 40.

Fig. 9. Die eine Gehirnhälfte, ebendaher, mit den beiden Otolithenblasen.

Fig. 10. Borlasia splendida Kef., Vorderende von der Rückenseite. Das Pigment der äusseren Haut ist weggelassen. *s* Seitenorgan. Vom Gehirn treten die starken Nerven zu den Augen.

Fig. 11. Eingang zum Seitenorgan *s*, ebendaher.

Fig. 12. Kopf, ebendaher, von der Seite, um die Kopfspalten zu zeigen.

Fig. 13. - - - Bauchseite mit dem unteren Ende der Kopfspalten.

Fig. 14. Vorderende von der Rückenseite, ebendaher. Vergröss. 5.

Fig. 15. Stück des Körpers, ebendaher, von der Bauchseite, um die feinen Quergefässe zu zeigen. Bisweilen erschienen diese wie bei *a*, gewöhnlich wie bei *b*. Vergröss. 20.

Fig. 16. Papillen vom Rüssel, ebendaher. Vergröss. 260.

Fig. 17. Blutkörper, aus den Gefässen, ebendaher. Vergröss. 260.

Fig. 18. Muskelfasern aus dem Rüssel, ebendaher, angespannt und gerade, erschlafft und in Zickzack-Biegungen. Vergröss. 260.

Tafel VI.
Nemertinen.

Fig. 1. Prosorhochmus Claparèdii Kef., Vorderende von der Rückenseite. Vorn sieht man die drei Lappen und die Oeffnung des Rüssels *r* an der Bauchseite.

142 **Erklärung der Tafeln.**

s Seitenorgan, *m* Muskulatur, *a* äussere Haut. Am Darme sieht man die Fäden, welche ihn an der Leibeswand befestigen. Vergröss. 30.

Fig. 2. Ein 0,7 mm. langes Junge aus der Leibeshöhle, ebendaher. *g* Gehirn, *m'* Verdickung der Muskulatur im Kopf. Am Rüssel sieht man zwei hintereinander liegende Abtheilungen.

Fig. 3. Ein 0,4 mm. langes Junge aus der Leibeshöhle, ebendaher. Bezeichnungen wie in den vorhergehenden Figuren.

Fig. 4. Ausstülpung des Darms von einem 8 mm. langen Jungen, ebendaher.

Fig. 5. Zellen mit Concretionen aus der Darmwand, ebendaher. Vergröss. 260.

Fig. 6. Cephalothrix longissima Kef., Vorderende von der Bauchseite. Vergröss. 20.

Fig. 7. Kopfspitze, ebendaher, von der Bauchseite. Man sieht das Gehirn, den Rüssel und die räthselhaften Körper *x*. Vergröss. 80.

Fig. 8. Kopfspitze, ebendaher, um die streifige Structur der äusseren Haut zu zeigen. Vergröss. 160.

Fig. 9. Die Spitze des Kopfes, ebendaher, mit dem Querlappen *l*. Vergröss. 260.

Fig. 10. Zoospermie, ebendaher, mit 0,004 mm. grossem Kopf.

Fig. 11. Cephalothrix ocellata Kef., Vorderende, von der Seite. *o* Mund, *n* Seitennerv, *r* Rüssel. Vergröss. 20.

Fig. 12. Ebendasselbe von der Rückenseite.

Fig. 13. Gehirn, ebendaher, *d* Rückencommissur, *v* Bauchcommissur.

Fig. 14. Körperwand, ebendaher. *c* Cuticula, *a* äussere Haut mit Krystallen, *m* Muskulatur, *n* Nerv. Vergröss. 260.

Fig. 15. Krystalle aus der äusseren Haut, ebendaher, stärker vergrössert.

Fig. 16. Papillen am ausgestülpten Rüssel, ebendaher. Vergröss. 260.

Fig. 17. Eier in den Eierschläuchen, ebendaher. In den dicken Wänden der Schläuche scheinen sich Eier zu bilden. Vergröss. 260.

Tafel VII.

Fig. 1—5. **Nemertinen.** Fig. 6—9. **Balanoglossus.** Fig. 10—12. **Augen von Pecten.**

Fig. 1. Nemertes octoculata Kef., Vorderende von der Rückenseite; *s* Seitenorgan. Vergröss. 60.

Fig. 2. Gehirn-Hälfte von der Bauchseite, ebendaher.

Fig. 3. Querschnitt durch die hintere Hälfte eines Cerebratulus marginatus. *a* Aeussere Haut, *d* Drüsenschicht, *p* Pigmentlage, *l* innere, *l'* äussere Längsmuskeln, *c* innere, *c'* äussere Ringmuskeln. *v* Darm, *r* Rüssel, *ov* Ovarien, *n* Nerv, *g* Rückengefäss, *g'* Seitengefässe auf der Bauchseite. Vergröss. 10.

Fig. 4. Querschnitt durch die vordere Hälfte, ebendaher. Bezeichnungen wie in der vorhergehenden Figur. *g''* vielleicht ein zweites Seitengefäss jederseits. Man sieht den Gefässring und die Muskeln die den Darm befestigen, wie die radiären Muskeln der Körperwand. Vergröss. 10.

Fig. 5. Querschnitt durch den ausgeworfenen Rüssel, ebendaher. *p* Papillen tragende Haut; *l* erste, *l'* zweite Längsmuskelschicht, *c* erste, *c'* zweite Ringmuskelschicht, *a* und *b* Schleifen zwischen *c* und *c'* die *l'* durchkreuzen. Vergröss. 10.

Fig. 6. Balanoglossus clavigerus d. Ch., von der Rückenseite. *r* Rüssel, *t* Kopf, *a* vorderer, *b* zweiter Abschnitt des Körpers. Nat. Grösse.

Fig. 7. Vorderende, ebendaher, von der Bauchseite. *r* Rüssel, *t* Kopf, *v'* Eingang in den Canal *v*, *h'* Eingang in den Canal *h*. Nat. Grösse.

Fig. 8. Querschnitt durch die vordere Abtheilung des Körpers, ebendaher. Halb

schematisch. *h* Oberer, *v* unterer Canal, *z* Seitencanäle, *y* Ausmündungs-
stelle grosser Schleimdrüsen.

Fig 9. Stück von einem Querringe aus der Wand des Canals *v* in der vorderen Körperabtheilung. Vergröss. 60.

Fig. 10. Zapfen vom Mantelrande von Pecten maximus mit dem Auge.

Fig. 11. Auge, ebendaher, ohne Druck. *s* Sclerotica, *p* Pigment, *t* Tapetum, das
über das Pigment hinausragt, *r* Retina, *x* mit Flüssigkeit gefüllter Raum, *n*
Augennerv, *n'* Zweig des Nerven zur Retina, *n''* Zweig desselben zur äusseren
Augenhülle. Vergröss. 60.

Fig. 12. Auge, ebendaher, mit dem Deckglase gedrückt. *l'* gedrückte Linse. Bezeichnungen wie in der vorhergehenden Figur.

Fig. 13. Kolbige Fasern aus der Retina, ebendaher. Vergröss. 260.

Fig. 14. Zellen oder Körner aus der Retina, ebendaher. Vergröss. 260.

Tafel VIII.

Anneliden.

Fig. 1. Nereis Beaucoudrayi Aud. et Edw., Vorderende von der Rückenseite. Man
sieht den Rüssel eingezogen und den Anfang des Darms *i*, mit dem Oesophagus *i'* und den beiden Drüsen *s*. Vom Segmente V—VIII existirt ein Hauptgefässnetz nur in den Fussstummeln auf der Rückenseite, im Segmente IX
giebt das Rückengefäss zuerst ein dorsales Ringgefäss *m* ab, welches bei *k*
in das ventrale Ringgefäss *n* übergeht und auch auf der Rückenseite ein Hauptgefässnetz speist. *c* Rücklaufender Ast des Rückengefässes, welcher das
Wundernetz *b'* bildet; *d* ein ähnlicher Ast, der auf dem Rüssel ein Gefässnetz
d' speist; *g* ein Ast des Rückengefässes, welcher zum Wundernetze *g'* führt.

Fig. 2. Rüssel und Segmente VI—IX von derselben, von der Bauchseite. Im Segmente V—VIII giebt das Bauchgefäss nur ein Seitengefäss *l* ab, welches das
Gefässnetz der Fussstummel und der Bauchseite (wo es weggelassen ist) bildet,
und einen Ast *h*, der im nächst folgenden Segmente sich auf dem Darme verzweigt *h'*, und der nur im Segmente VI und VII vollständig gezeichnet ist.
Im Segmente IX ist das Hauptgefässnetz angegeben und das Ringgefäss *n*,
das bei *k* ins dorsale Ringgefäss *m* übergeht und hier zuerst ausgebildet ist.
a Theilungsstelle des Bauchgefässes, *b* dessen Aeste zum Wundernetze *b'*; *e*
Ringgefäss am Rüssel. Buchstaben fast wie in der vorhergehenden Figur.

Fig. 3. Fussstummel, ebendaher, von hinten. *d* Rückencirrhus, *v* Bauchcirrhus.

Fig. 4. Ausgestülpter Rüssel, ebendaher, von der Rückenseite. Vergröss. 2.

Fig. 5. -   -   -   - - Bauchseite. Vergröss. 2.

Fig. 6. und Fig. 7. Zusammengesetzte Borsten, ebendaher.

Fig. 8. Nereis agilis sp. n., Vorderende, von der Rückenseite. Man sieht den Rüssel
mit Kiefer und Kieferspitzen durchschimmern. Vergrösserung.

Fig. 9. Fussstummel, ebendaher, von hinten. *d* Rückencirrhus, *v* Bauchcirrhus.

Fig. 10. -   -   - von der Rückenseite. *k* Kapsel mit gewundenen
Canälen. *x* Verknäulte Canäle, *y* deren Ausführungsgänge.

Fig. 11. Die Kopffühler der linken Seite, ebendaher. *k* Kleiner Kopffühler, *K* grosser
Kopffühler, *a* Endglied, *b* Basalglied desselben. *G* Gehirn, *oc* vorderes linkes
Auge. *m* Muskel im Basalgliede von *K*, *w* äussere Wand vom Basalgliede.
Vergrösserung.

Fig. 12. Stück von einem mittleren Kopffühler von Nereis Beaucoudrayi, um die
Endigung der Nerven in demselben zu zeigen. Vergrösserung.

Fig. 13. Prionognathus ciliata gen. et sp. n., Vorderende, von der Rückenseite; man sieht die zwei Paar Kiefer und die Blutgefässe durchschimmern. *f* ventraler, *f'* dorsaler Kopffühler. *l* Seitengefässe, *b* Bauchgefäss, *c* Herzen. Vergrösserung.

Fig. 14. Hinterende, ebendaher, von der Rückenseite. *a* medianer, dorsaler Aftercirrhus, *a'* lateraler, ventraler Aftercirrhus.

Fig. 15. Seitentheil eines Querschnitts durch denselben Borstenwurm, um den Fussstummel, dessen Bewimperung und Blutgefässe zu zeigen. *d* Rückencirrhus, *v* Bauchcirrhus, *l* Seitengefäss, *s* davon ausgehende seitliche Gefässschlinge, *b* Bauchgefäss.

Fig. 16. Kiefer von der Rückenseite des Schlundes, ebendaher.

Fig. 17.   -   -   - Bauchseite des Schlundes, ebendaher.

Fig. 18. und 19. Borsten aus der oberen Lippe des Fussstummels, ebendaher.

Fig. 20. Zusammengesetzte Borsten aus der unteren Lippe des Fussstummels, ebendaher.

Tafel IX.

Anneliden.

Fig. 1. Lumbriconereis lingens sp. n. Vorderende vom Rücken.

Fig. 2. Hinterende desselben Thiers vom Rücken.

Fig. 3. Vorderende, ebendaher, vom Bauch, um die Lage des Mundes zu zeigen.

Fig. 4. Fussstummel, ebendaher, von vorn.

Fig. 5. Derselbe, von oben.

Fig. 6. Kiefersystem, ebendaher, von der Rückenseite des Schlundes.

Fig. 7. Kiefer, ebendaher, von der Bauchseite des Schlundes.

Fig. 8. Hakenborste, ebendaher.

Fig. 9. Flossenartig erweiterte Haarborste, ebendaher.

Fig. 10. Lysidice ninetta Aud. et Edw. Vorderende vom Rücken. Das zweite borstentragende Segment ist ohne Pigment.

Fig. 11. Hinterende desselben Thiers, vom Rücken.

Fig. 12. Kopf, ebendaher, von der Bauchseite.

Fig. 13. Vorderende, ebendaher, von der Seite.

Fig. 14. Fussstummel, ebendaher. *d* Rückencirrhus.

Fig. 15. Zusammengesetzte Borste, ebendaher.

Fig. 16. Hakenborste, ebendaher.

Fig. 17. Glycera capitata Oerst., Vorderende vom Rücken. Man sieht das Gehirn und den Schlundring und die beiden zu den vorderen Kopffühlern gehenden Nerven durchschimmern.

Fig. 18. Hinterende, ebendaher, von der Rückenseite.

Fig. 19. Vorderes Ende eines Kopffühlers, ebendaher.

Fig. 20. Warzenförmiger Tentakel von der Basis des Kopflappens, ebendaher.

Fig. 21. Eine Nervenfaser mit dem Endstäbchen aus diesem Tentakel.

Fig. 22. Ein Kiefer aus dem Rüssel, ebendaher, mit der daran hängenden Drüse.

Fig. 23. Fussstummel aus der Mitte, ebendaher.

Fig. 24. Derselbe von oben.

Fig. 25. Fussstummel vom Hinterende, ebendaher.

Fig. 26. Zusammengesetzte Borste, ebendaher.

Fig. 27. Säbelborste, ebendaher.

Fig. 28. Fussstummel aus der Mitte von Glycera convoluta sp. n., *d* Rückencirrhus, *b* Kieme.

Fig. 29. Zusammengesetzte Borste, ebendaher.

Fig. 30. Stück von einem Kopffühler einer Polynoe von St. Vaast mit den Nervenendigungen.

Fig. 31. Eine dieser Nervenendigungen. 0,03 mm. lang, 0,008 mm. dick am angeschwollenen Ende.

Fig. 32. Psamathe cirrhata sp. n. Vorderende, vom Rücken.

Fig. 33. Fussstummel, ebendaher, d Rückencirrhus, v Bauchcirrhus, f blattartige Erweiterung.

Fig. 34. Rüssel ausgestülpt, ebendaher.

Fig. 35. Papille desselben.

Fig. 36. Zusammengesetzte Borste, ebendaher.

Fig. 37. Syllis oblonga sp. n., Vorderende vom Rücken. Vom III. Segmente ist die Körperwand nicht mehr gezeichnet, der Darmcanal aber noch bis zum XXIII. Segment ausgeführt.

Fig. 38. Vorderende, ebendaher, von der Bauchseite.

Fig. 39. Rüssel, ebendaher, ausgestülpt, mit den Papillen und dem Zahne z.

Fig. 40. Zwei Segmente, ebendaher, aus dem hinteren Drittel, mit den Segmentalorganen s.

Fig. 41. Ein solches Segmentalorgan.

Fig. 42. Fussstummel, ebendaher, d Rückencirrhus, v Bauchcirrhus.

Fig. 43. Zusammengesetzte Borste, ebendaher.

Fig. 44. Zoospermie aus der Leibeshöhle, ebendaher.

Fig. 45. Syllis divaricata sp. n., Vorderende vom Rücken.

Fig. 46. Fussstummel, ebendaher, d Rückencirrhus, v Bauchcirrhus, oo Ovarium.

Fig. 47. Zusammengesetzte Borste, ebendaher.

Fig. 48. Eine junge 0,5 mm. lange Syllis, vielleicht zu Syllis divaricata gehörig. Vorderende, von der Rückenseite.

Fig. 49. Eins der linsentragenden Augen, ebendaher.

Fig. 50. Zusammengesetzte Borste, ebendaher.

Tafel X.

Anneliden.

Fig. 1. Leucodore ciliata Johnst. Vorderende, von der Rückenseite.

Fig. 2. Hinterende, ebendaher, von der Rückenseite.

Fig. 3. Vorderende, ebendaher, von der Bauchseite.

Fig. 4.   –   –   von der Seite.

Fig. 5. Fussstummel, ebendaher, vor den kiementragenden Segmenten.

Fig. 6.   –   –   Kiemen b tragend.

Fig. 7.   –   –   hinter den kiementragenden Segmenten.

Fig. 8. Kiementragender Fussstummel, ebendaher, von der Rückenseite.

Fig. 9. Borsten aus dem V. Körpersegmente, ebendaher.

Fig. 10. Säbelborste, ebendaher.

Fig. 11. Hakenborste, ebendaher.

Fig. 12. Colobranchus ciliatus sp. n., Vorderende, von der Rückenseite.

Fig. 13. Zwei Segmente aus der Mitte, ebendaher, von der Rückenseite.

Fig. 14. Hinterende, ebendaher, von der Rückenseite. Wahrscheinlich etwas beschädigt.

Fig. 15. Fussstummel, ebendaher. r Rückengefäss, b Bauchgefäss.

Fig. 16. Hakenborste, ebendaher, a von der Seite, b von vorn.

Fig. 17. Haarborsten, ebendaher.

Fig. 18. Ei aus der Körperhöhle, ebendaher. 0,2 mm. gross.

Fig. 19. Cirratulus borealis Lam. Vorderende von der Rückenseite. *s* wimpernde
Schläuche, *r* Rückengefäss.

Fig. 20. Hinterende, ebendaher, von der Rückenseite.

Fig. 21. Hälfte eines Körperquerschnittes, ebendaher.

Fig. 22. Gekrümmte Nadelborste, ebendaher.

Fig. 23. Cirratulus bioculatus sp. n. Vorderende von der Rückensiete. *r* und *s* wie
in Fig. 19.

Fig. 24. Hinterende, ebendaher, von der Rückenseite.

Fig. 25. Ein Auge und eine Wimpergrube vom Kopf, ebendaher.

Fig. 26. Haarborsten, ebendaher.

Fig. 27. *a* Gekrümmte Nadelborste, *b* Hakenborste, ebendaher.

Fig. 28. Cirratulus filiformis sp. n. Vorderende von der Rückenseite.

Fig. 29. Hinterende, ebendaher, von der Rückenseite.

Fig. 30. Vorderende, ebendaher, von der Seite. Es ist das Gefässsystem, mit Ausnahme des Gefässnetzes in der Haut, eingezeichnet.

Tafel XI.

Fig. 1—28. **Anneliden.** Fig. 29. **Loxosoma.** Fig. 30. **Rhabdomologus.**

Fig. 1. Polybostrichus Müllerii Kef. Vorderende von der Bauchseite. Man sieht das
Gehirn mit den beiden unteren Augen, den Schlundring und den Bauchstrang
a durchschimmern und neben diesem den Contour des Darmes. In den drei
vordersten Paaren von Fussstummeln befinden sich die Hoden : *b* deren lap-
piger, *c* deren wulstiger Theil, *d* Muskeln für die Fussstummel, *e* strahlige
Zeichnung in der äusseren Haut, *f* Körperdissepimente.

Fig. 2. Hinterende desselben Thiers von der Bauchseite ; den auf der Rückenseite
liegenden After sieht man durchschimmern.

Fig. 3. Fussstummel aus der hinteren Körperabtheilung, ebendaher.

Fig. 4. Nadelborste, ebendaher.

Fig. 5. Zusammengesetzte Borste, ebendaher.

Fig. 6. Zoospermie, ebendaher, aus der Leibeshöhle.

Fig. 7. Capitella rubicunda sp. n. Vorderende, von der Rückenseite, mit ausgestülpten Kopffühlern. Nur am letzten Gliede ist die Täfelung der Haut gezeichnet. *a* Gelippte Mündungen.

Fig. 8. Zwei Körpersegmente zwischen dem X. und XVI. hergenommen, von dem-
selben Thier, von der Rückenseite. Nur hinten an der Zeichnung ist die
Täfelung der Haut angegeben. *a* Gelippte Mündungen, *b* strahlig eingezogene
Mündungen, *s* Segmentalorgane.

Fig. 9. Vorderende des Körpers, ebendaher, von der Seite. Der Rüssel, nur im
Contour gezeichnet, ist ausgestülpt.

Fig. 10. Hinterende, ebendaher, von der Seite. *c* braun pigmentirte Massen der hinteren Segmente.

Fig. 11. Zwei Körpersegmente nahe dem Hinterende, ebendaher, von der Bauchseite.
c Wie in voriger Figur, *d* runde Oeffnung des Segmentalorganes.

Fig. 12. Segmentalorgan *s* durch die Körperwand durchschimmernd, ebendaher, aus
dem mittleren Drittel des Thiers, fast von der Rückenseite. *e* Aeussere, *f* innere Oeffnung des Segmentalorgans. *g* Bauchstrang, durchschimmernd.

Fig. 13. Gehirn, ebendaher, von der Rückenseite. Die Augen sind nicht mit gezeichnet.

Fig. 14. Körperdurchschnitt, ebendaher, aus der vorderen Körperabtheilung.

Fig. 15.   -   -   aus dem mittleren Drittel des Thiers.

Fig. 16.   -   -   aus dem hinteren Drittel des Thiers.

Fig. 17. Hakenborsten, ebendaher, aus der hinteren Körperabtheilung.

Fig. 18. Haarborsten, ebendaher, aus der vorderen Körperabtheilung.

Fig. 19. Segmentalorgan von Terebella gelatinosa sp. n., von der Seite. *a* Pigmentirter Arm, *a'* dessen innere Mündung, *b* pigmentloser Arm, *b'* dessen äussere Mündung. *d* Rückenstummel, *v* Bauchstummel.

Fig. 20. Zwei Segmentalorgane, ebendaher, von der Rückenseite durch die Haut schimmernd. Buchstaben wie in voriger Figur. *c* Drüse an der Bauchseite der Körperhöhle.

Fig. 21. Haken aus den Bauchstummeln, ebendaher.

Fig. 22. Säbelborsten aus den Rückenstummeln, ebendaher.

Fig. 23.   -   von Filograna implexa Berk.

Fig. 24. Haken, ebendaher.

Fig. 25. Linker Eierstock von Sagitta setosa Müll. *w* Körperwand, *a* Seitencanal mit Samen gefüllt, *b* Mündung des Canals, *c d* Entwicklungsstadien von Eiern.

Fig. 26. Zoospermie, ebendaher. *a* Vorderende einer solchen bei stärkerer Vergrösserung.

Fig. 27. Linkes Auge von Sagitta rostrata W. Busch.

Fig 28. Epidermishöcker von Sagitta serrato-dentata Krohn, *w* Körperwand, *b* Borstenbündel, *c* Faserstreif zu diesem.

Fig 29. Loxosoma singulare gen. et sp. n., von der Seite. *a* Oesophagus, *b* Magen, *c* seitliche Ausstülpung desselben, *d* Darm, *e* After, *f* Diaphragma am Mundsaum, *g* Stiel des Körpers. — Körperhöhe mit Stiel und Tentakeln 0,4 mm.

Fig. 30. Rhabdomolgus ruber gen. et sp. n. *a* Kalkring um den Mund, *b* Otolithenblasen, *c* Polische Blase, *d* Darm, *e* After, *oo* Ovarium.

Druck von Breitkopf und Härtel in Leipzig.

www.ingramcontent.com/pod-product-compliance
Lightning Source LLC
Chambersburg PA
CBHW021813190326
41518CB00007B/571